新米IT担当者のための

HTML/CSS & Webサービスがしっかりわかる本

The Complete Guidebook for Web Technologies

技術評論社

注意事項

- 本書に記載された内容は、情報の提供のみを目的としています。したがって、本書を用いた運用は、必ずお客様自身の責任と判断によって行ってください。これらの情報の運用の結果について、技術評論社および著者はいかなる責任も負いません。
- 本書記載の情報は、特に断りのない限り、2011 年 3 月現在のものを掲載しています。本文中で解説している Web サイトなどの情報は、予告なく変更される場合があり、本書での説明とは画面図などがご利用時には変更されている可能性があります。
- 以上の注意事項をご承諾いただいた上で、本書をご利用願います。これらの注意事項をお読みいただかずに、お問い合わせいただいても、技術評論社および著者は対処できません。あらかじめ、ご承知おきください。
- 本文中に記載されているブランド名や製品名は、すべて関係各社の商標または登録商標です。なお、本文中に ® マーク、© マーク、™ マークは明記しておりません。

はじめに

本書は、仕事でWebに関わることになり、インターネットやWebの基本的な仕組みを理解しようと思っている人、あるいはHTMLやCSSなどのWeb技術を習得するために、あらかじめWebの仕組みを知っておきたいと考えている人を対象にまとめられています。

私たちは、職場や学校、家庭などで、日常的にインターネットやWebを利用して生活しています。しかし、このように私たちの生活にインターネットやWebが入ってきたのはそれほど昔のことではありません。

ここ十数年の間に、通信回線などのインフラ、PCやソフトウェアの機能、ネットワークビジネスを成立させるためのさまざま仕組み、またその仕組みを実現させるための技術などが急速に発展し、インターネットとWebに収れんされてきました。それによって、私たちは、あまり技術や仕組みを意識することなくWebページや電子メールなどを利用できるようになりました。

しかし、あまりに急速な発展を遂げたために、インターネットとWebは掘り下げるほど複雑に見えてくることがあります。その多くは、世界中を結んでどこでも同じように機能を実現するために、世界的な標準を決めていこうとする動きと、企業間競争を勝ち抜くための企業の思惑が絡み合っていることが原因となっているように見えます。それらが、何とかバランスを保ちながら拡大を続けている世界です。

本書は、インターネット上でWebがどのような仕組みによって実現されているかにはじまり、Webページに用いられているHTMLやCSSなどの技術のあらまし、Web上のリソースを利用するWebサービス、さらに、セキュリティや関連する法規関連に至るまでを概観できるように解説しています。

読者のみなさんが、インターネットとWebの仕組みについて、理解するための一助になれば幸いです。

シープランニング

登場人物

ヒロシ。25歳男性。春の人事異動で営業部門からコーポレート広報のWeb担当に。新卒入社以来、営業部門に所属していた。中途採用のキョウコ先輩とは同期。

キョウコ。32歳女性。ヒロシと同じ会社のWeb開発課に所属。Webデザインの会社を経てWebビジネスを強化しようとしていた現在の会社に入社し、自社Webのテクニカルディレクターを務めている。

先輩、忙しいところすみません。実はぼく、広報のWeb担当に異動になるんですよ。Webといっても、いままではお客さんのWebページで情報集めをしたり、家では興味のあるページをまわっていたくらいで、中身のことは全然知らないんです。

はーん、それで私をランチに誘ったっていうわけ。

そうなんです。先輩なら、経験もあるし、技術的なことにも詳しいから、いろいろ教えてもらえるんじゃないかと思って……。

ちょっと、ひとを大ベテランのおばさんみたいにいわないでくれる？

いやいや、そんなつもりは毛頭……。それで、Web担当になったら、HTMLとか覚えなくちゃならないんですか？

自分でコード書くようなことはないけれど、いろいろな仕組みをだいたいはわかっていないとまずいんじゃない？ 原稿やデザインの発注もするわけだし。

やっぱ、そうなんだ。ぼく、クリエイティブ方面というか、そっちのほうまったく縁がなくて、原稿とかデザインとかいわれると悩んじゃいます。

多分、あなたが思っている以上に、いまのWeb制作は分業化されているのよ。Webビジネスを進めていくためには、データベースと連動したり、ユーザーの要求に応えてWebページがさまざまな機能を持たなくてはいけないから、ソフトウェア開発もそれに合わせていろいろな技術者が必要になっているの。そうした、ソフトウェアの仕組みを作る部分とWebの文書や表示を担当する部分は分けて制作されているのよ。

えっ！ソフトウェア開発……？ますますわからなくなりそうな……。

といっても､あなたが1人でやるわけじゃないのよ。会議を開いて、どういうWebページを作るのか、そこではどのようなスタッフが必要で、発注先はどうするかなどをみんなで話し合って進めるの。そんなに心配する必要ないって。

そういわれると、少し気持ちが安らぐかも。でも、会議に参加するにはWebの基礎知識くらいわかっていないとまずいんですよね。

それはそうよね。これから、ランチとかお茶のときに少しずつ教えてあげるから、自分でもちゃんと勉強しなくちゃだめよ。

わー、さすが先輩！相談してよかったです。

CONTENTS

chapter 3 Webサービスを知ろう 115

chapter

1

Webの仕組みを知ろう

Webページは、インターネットという世界中を結ぶ通信網の上に成り立っています。まず、通信やWebページの基礎となっている仕組みを覚えることにしましょう。

先輩！ 2階にサーバールームってありますけど、うちの会社のWebサーバーは、あそこにあるんですか？

いやいや、あそこにあるのは、経理のシステムとイントラネットのWebサーバーだけなの。社外向けのWebサーバーは、データセンターへハウジングしているの。

へっ！？「ハウジング」って……？

会社で持っているサーバーをデータセンターに預けているわけ。耐震、耐火のビルで、セキュリティも万全だから、社内に置くよりリスクが低いの。Webショップで商品を販売しているから、もし止まったりしたらもろに売り上げに響くでしょ。

なるほど。ネットワークでつながっているから、サーバーは社外にあってもいいんですね。メンテナンスはリモートでできるんですね。

そうなの。システムを更新するときなんかは、出かけていって作業をすることもあるけどね。

でも、ネットワークでどうやってうちのサーバーを見分けているんですか。

いいところに気づいたわね。なにしろ、インターネットは世界中につながっていて、何億台というサーバーがあるんだけど、その中から、特定のサーバーを見分けるための決まりがあるのよ。

もしかして、メールアドレスみたいな……。

そう。仕組みは違うけど、メールアドレスと同じで世界中に1つしかない名前が必要なの。メールアドレスはユーザー名とドメイン名の組み合わせで、ほかにはないユニークなアドレスを作るでしょ。サーバーには、IPアドレスという世界で1つだけのアドレスがつけられているの。

へー、IPアドレスねー……。

じゃあ、今日はWebの仕組みや、ネットワークがどのように成り立っているかとか、大きな枠組みについて教えてあげるわね。

じゃあ、まだHTMLとかは出てこないんですか。

いえいえ、HTMLの話も出てくるわ。HTMLのタグの話なんかをする前に、ブラウザとHTMLはどういう関係になっているかとか、そもそも、Webって誰がはじめてどういう決まりがあるか、なんていうことも知っておいたほうがいいの。それに、Webやコンピュータで使われる文字はどういう仕組みになっているかや、ディスプレイに表示される色の仕組み、サーバーや通信方法のことも覚えておかなくちゃね。

ひぇー！ そんなにたくさん……？

まだ、これだってほんのはじめの部分なんだから、音をあげてたらだめじゃない。たとえば、1枚のWebページを見るだけだって、画面の部分部分すべての意味を説明したらとても時間がかかると思うわよ。

はーい。先輩、よろしくお願いします。

chapter 1

通信と表示の規則で成り立っている

1 インターネットとWebページ

HTMLファイルをWebブラウザが解釈して表示する

インターネットは世界中を結ぶ巨大なネットワークです。インターネットには、コンピュータはもちろん、携帯電話機などのモバイル機器やテレビなどの家電製品も接続されるようになっています。また、そこにはWebページのデータだけでなく、メールやファイルの送受信などさまざまなデータが膨大な分量でいきかっています。そのため、データの種類によって通信の方式が定められたり、データの内容を定義する規則が存在します。

インターネットにおいて、情報を提供する一番ポピュラーなかたちが**Webページ**です。Webページは、文字データに加えて、写真や絵などの画像データ、音声や動画なども含んだ豊かなコンテンツを扱うことができます。

Webページのデータはサーバーに置かれて、インターネットを通じてそれを閲覧する人のパソコンなどに送られます。Webページのデータを読みとって表示するのは**Webブラウザ**というソフトウェアです。Webページのデータでは、文書がどのような構造を持ち、どのように配置すればいいかを示す**HTMLファイル**が中心的な役割を受け持っています。HTMLによって、Webブラウザは文書の見出しや本文を区別し、写真などの配置がわかるようになっています。

HTMLはWebページのデータの構造を指定するコンピュータ言語のひとつで、HyperText Markup Language（ハイパーテキスト・マークアップ・ランゲージ）を略したものです。**ハイパーテキスト**とは、文書と文書がハイパーリンクによって結びつけられている構造の文書を意味しています。Webページで特定の文字列や画像などをクリックすることによって違うWebページにリンクするおなじみの機能です。HTMLは世界のどのWebページも参照することが可能で、書籍などとは異なる構造を持った文書になっています。リンク機能もHTMLによって実現されています。

Webページが表示される仕組みとハイパーテキスト

Webページのデータはインターネット経由でパソコンに送られてWebブラウザで表示される

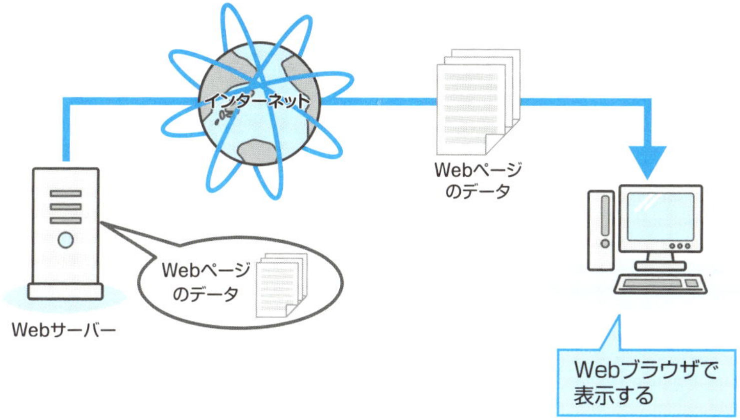
インターネット
Webページ
のデータ
Webページ
のデータ
Webサーバー
Webブラウザで
表示する

ハイパーテキストでは関連する情報にリンクを張ることができる

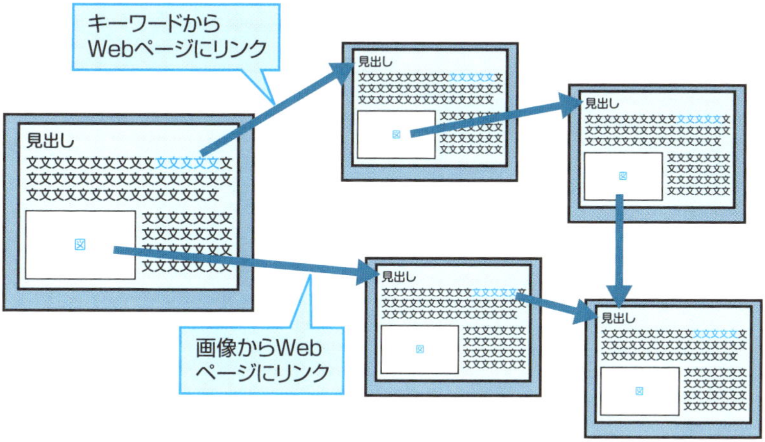
キーワードから
Webページにリンク
見出し
画像からWeb
ページにリンク

chapter 1 Web創始者がつくったW3C

2 国際規約と団体

W3Cの「勧告」は世界が認知する標準

Webは、**World Wide Web（ワールド・ワイド・ウェブ）**を略した呼び方です。世界中に張りめぐらされたネットワークを意味するWorld Wide WebはWWWとも呼ばれますが、最近では単にWebと呼ばれることが多くなりました。Webページをホームページと呼ぶ人もいますが、本来、ホームページとはWebブラウザを起動したときに最初に表示されるページのことです。Webで表示されるページはWebページと呼びます。

Webの仕組みはティム・バーナーズ＝リーという人が1990年代のはじめに作りました。インターネットとハイパーテキストの考え方を融合させて世界中を結ぶシステムを提案していたバーナーズ＝リーは、WebサーバーとWebブラウザ、HTML、Webページの識別方法、通信方式など、今日のWebシステムの原型を1人で作り上げました。Webの技術は無料で公開され、90年代後半のインターネットの商用利用とあいまって急速に普及しました。

いくつものWebブラウザが登場し、Webページにより多くの機能が望まれるようになると、HTMLの仕様を整理して、それを世界中で標準として認知されるように働きかけを行う動きが出てきました。そのために、バーナーズ＝リーは、**W3C**（ワールド・ワイド・ウェブ・コンソーシアム、ダブルスリーシーと読みます）という組織を作りました。

W3Cでは、世界中から専門家が集まり、HTMLなどWebに関する仕様を検討し、仕様が固まった段階で勧告というかたちで公開しています。インターネットの普及期には混乱もありましたが、今日ではW3Cの勧告が事実上の国際規格として認知されるようになり、その活動が世界から注目されています。

HTMLのバージョンが変わると、Webページの記述方法が変更されたり、扱えるデータの種類が変わることがあります。

HTMLで作るWebページ

W3CがHTMLなどの標準化を行う

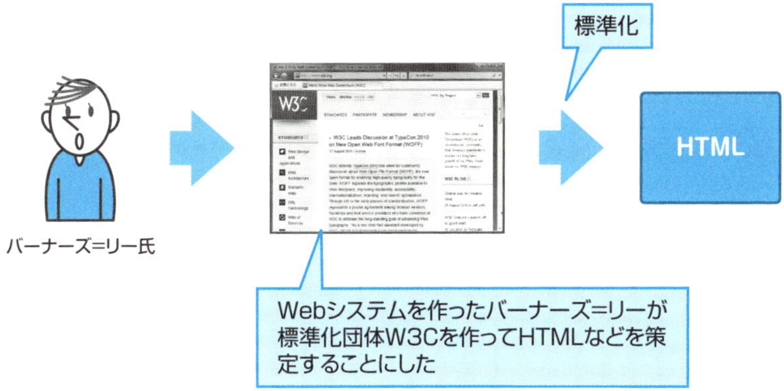
バーナーズ=リー氏
標準化
HTML
Webシステムを作ったバーナーズ=リーが標準化団体W3Cを作ってHTMLなどを策定することにした

HTMLというルールでWebページを作り、HTMLを解釈できるWebブラウザが表示する

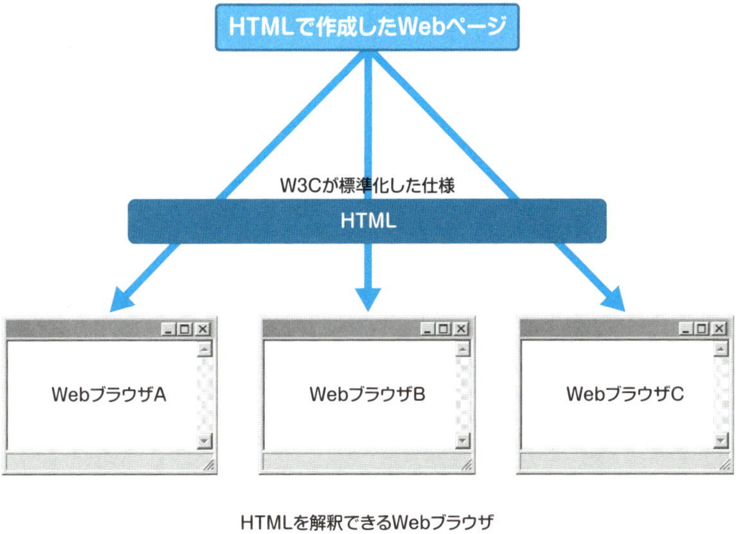
HTMLで作成したWebページ
W3Cが標準化した仕様
HTML
WebブラウザA
WebブラウザB
WebブラウザC
HTMLを解釈できるWebブラウザ

chapter 1 タグによって文書を定義する

3 HTMLとWebブラウザ

HTMLファイルを表示してみる

文書には構造があります。たとえば、タイトル、見出し、本文、写真や図とその説明など、役割を考えたうえで私たちは文書を作っています。ワープロソフトを使うときは、文字の種類や大きさなどを選んで見出しと本文の区別をつけることもできます。文書の構成要素を区別することによって、読みやすく理解しやすい文書を作ることができるわけです。

HTMLでは、文書の中の文字列の役割を、「しるし」をつけてわかるようにします。この「しるし」を**タグ**と呼びます。文書にタグをつけて文書構造を定義することを「マークアップする」という言い方もします。HTMLによってマークアップした文書を、HTMLを解釈できるWebブラウザが読み込んでWebページを表示しています。

では、Webブラウザが読み込んでいるHTMLファイルがどのようなものか見てみましょう。Webブラウザが解釈して表示する前のHTMLファイルを**ソースファイル**と呼びます。ソースファイルは、Webブラウザの「ソースの表示」機能によって見ることができます。IE8の場合は、「ページ」から「ソースの表示」を選びます（IE7では「表示」メニューの「ソースの表示」を選択）。タグが記述されたHTMLファイルのソースが表示されます。<>で囲まれたアルファベットがたくさん見えるはずです。これがタグです。

Webページのもとになるのは、HTMLでタグをつけたHTMLファイル、そしてHTMLファイルで利用する写真や図のファイルなどのファイルセットです。WebブラウザはHTMLファイルと表示に必要な写真や図のファイルを使ってWebページを表示しています。Webページを作る側はWebページに必要なファイルセットを用意します。Webブラウザはファイルセットを読み込んでHTMLの指示に従って表示するという関係になります。

Webページは何から構成されているか

HTMLのソースを表示した例

```
http://gihyo.jp/book/2010/978-4-7741-4383-5 - 元のソース
ファイル(F) 編集(E) 書式(O)

<!DOCTYPE html PUBLIC "-//W3C//DTD XHTML 1.0 Transitional//EN" "http://www.w3.org/TR/xhtml1/DTD/xhtml1-
 transitional.dtd">
<html xmlns="http://www.w3.org/1999/xhtml" xml:lang="ja" lang="ja">
<head>
<meta http-equiv="Content-Type" content="text/html; charset=UTF-8" />
<title>書籍案内：身近な写真から学ぶ　一歩先への！写真表現入門｜gihyo.jp … 技術評論社</title>
<meta name="description" content="gihyo.jp:" />
<meta name="keywords" content="技術評論社,技評,gihyo.jp," />
<meta http-equiv="X-UA-Compatible" content="chrome=1" />
<meta http-equiv="Content-Script-Type" content="text/javascript" />
<meta http-equiv="Content-Style-Type" content="text/css" />
<meta name="viewport" content="width=500;" />

<base href="http://gihyo.jp/" />
<link rel="canonical" href="http://gihyo.jp/book/2010/978-4-7741-4383-5" />
<link rel="alternate" type="application/rss+xml" title="gihyo.jp：新刊書籍情報 RSS1.0"
 href="http://gihyo.jp/book/feed/rss1" />
<link rel="alternate" type="application/rss+xml" title="gihyo.jp：新刊書籍情報 RSS2.0"
 href="http://gihyo.jp/book/feed/rss2" />
<link rel="alternate" type="application/atom+xml" title="gihyo.jp：新刊書籍情報 Atom"
 href="http://gihyo.jp/book/feed/atom" />
<link rel="stylesheet" href="http://image.gihyo.co.jp/assets/templates/gihyojp2007/css/setAll.css"
 type="text/css" media="all" />
<!-- [if IE] ><link rel="stylesheet" type="text/css"
 href="http://image.gihyo.co.jp/assets/templates/gihyojp2007/css/ie.css" media="all" /><! [endif] -->
```

Webページは表示に必要なファイルがセットになって構成される

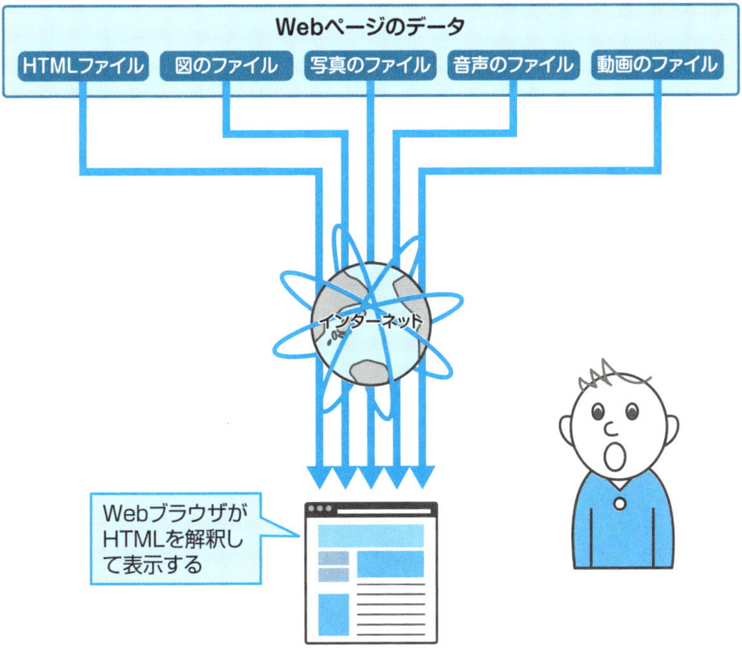
Webページのデータ
HTMLファイル
図のファイル
写真のファイル
音声のファイル
動画のファイル
インターネット
WebブラウザがHTMLを解釈して表示する

chapter 1 テキストからはじまりマルチメディアへ

4 Webで扱えるデータ

データの大きさは通信時間に正比例する

HTMLはハイパーテキストという文書間のリンクを実現するために誕生しました。そのため、はじめは図や写真、表組などを表示する機能が十分ではありませんでした。しかし、Webページに関する技術が発達するとともに、表組、図や写真だけでなく、音声や動画なども扱えるようになり、今日のような多彩な表現が可能になりました。ただ、音声や動画が扱えるようになったといっても、それを利用するには配慮しなければいけないことがあります。

たとえば、音声や動画はデータの分量が大きくなります。そのため、ファイルをすべてダウンロードしてから再生する方法ではダウンロード時間が長くなり、Webページを見る人は長時間ダウンロードを待たなければならなくなります。そのため、**ストリーミング**という技術が登場しました。データをダウンロードしながら再生する方法です。ストリーミングでは、Webページで通常利用しているHTTP(42ページ参照)とは異なる通信方法が必要になるため、ストリーミングデータを送信するサーバーが必要になりますし、ソフトウェアなどの環境を整えなければなりません。

プログレッシブダウンロードという方法を使えば、HTTPを利用してダウンロードしながら再生が可能になるという、ストリーミングと同じ効果を得ることができますが、一時ファイルがユーザーのハードディスクに残ってしまうため、著作権保護の立場から疑問があります。もちろん、ストリーミングの場合も、著作権問題をクリアしなければならないことは同じです。

写真、音声、動画など多様なデータを利用することは、Webページを豊かなものにしますが、精細な写真、また音声や動画を使う場合にはデータも大きくなることに注意する必要があります。Webページのデータは通信で送られるため、データの大きさは待ち時間の長さにつながります。

Webページの表示とファイルサイズ

Webページのデータファイルが大きいと表示に時間がかかる

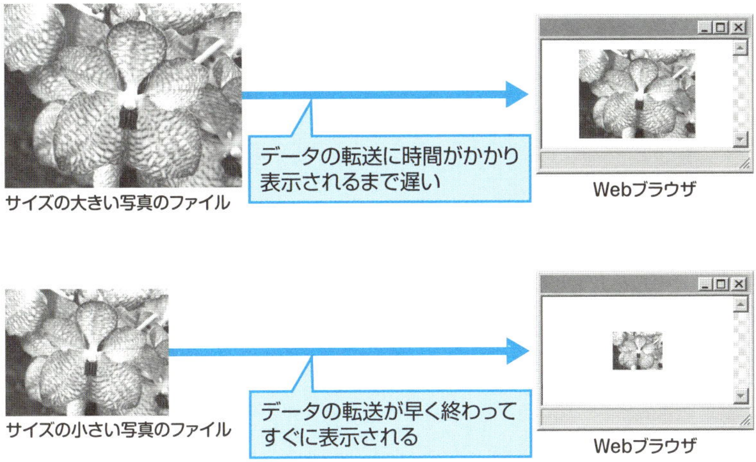
サイズの大きい写真のファイル
データの転送に時間がかかり
表示されるまで遅い
Webブラウザ
サイズの小さい写真のファイル
データの転送が早く終わって
すぐに表示される
Webブラウザ

ストリーミングはダウンロードしながら再生する

5 HTMLの構造

開始タグと終了タグが対になっている

HTMLのタグは<>で囲まれています。また、HTMLのタグは**開始タグ**と**終了タグ**が対になっています。たとえば、<html>というタグでではじまったら、「/」をつけた</html>で終わる約束になっています。改行を指定する
タグは対になっていませんが、これは
</br>を省略したものです。

タグは必ず半角英数字を使って書いてください。半角英数字であれば大文字で書いても、小文字で書いても大丈夫です。しかし、後で説明するXHTMLでは、小文字で書く必要があるため、タグには小文字を使う習慣にしておいたほうがいいでしょう。

右の図で例示した基本的なタグの説明をします。

<html>………</html>

HTMLの文書であることを宣言するタグです。

<head>………</head>

HTML文書の基本的な情報を書いた部分であることを示します。

<title>………HTML</title>

ページのタイトルを指定します。記事の見出しではありません。

<body>………</body>

Webブラウザのウィンドウ内に表示させる内容であることを意味します。

<h1>………HTMLの構造</h1>

見出しを意味するタグです。見出しは<h1>から<h6>まであります。

<p>………HTMLはタグによって文書の構造を表すことができます。</p>

本文の段落を意味します。

右の図のように、より大きい範囲を意味する要素は、他の要素を包含することができます。タグと要素の関係については70ページで説明します。

HTMLのタグとは何か

HTMLファイルとWebブラウザの表示

原稿となるテキスト

HTMLの構造

HTMLはタグによって文書の構造を表すことができます。
タグは半角英数字で記述します。

HTMLのタグをつける

```
<html>
<head>
<title>HTML</title>
</head>
<body>
<h1>HTMLの構造</h1>
<p>
HTMLはタグによって文書の構造を表すことができます。<br>
タグは半角英数字で記述します。
</p>
</body>
</html>
```

Webブラウザでは
このように表示される

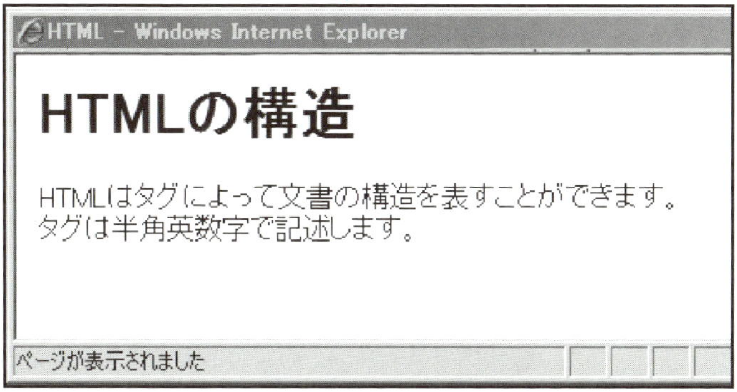
HTML - Windows Internet Explorer
HTMLの構造
HTMLはタグによって文書の構造を表すことができます。
タグは半角英数字で記述します。
ページが表示されました

chapter 1

文字の種類は文字コードの符号で区別する

6 文字コード

文字コードが合わないと文字が化ける

コンピュータ上では文字を**文字コード**という符号で表します。たとえば、ひらがなの「あ」には「82A0」という符号があてられています。日本語の場合は、この文字コードにいくつかの種類があり、種類により符号のつけ方が異なっています。通常、Webブラウザなどのソフトウェアは文字コードを自動判別する仕組みになっていますが、さまざまな要因で文字コードが正しく認識されない場合があり、意味のわからない文字の羅列が表示される**文字化け**という現象があらわれます。

文字コードは符号化された文字の体系を意味しています。HTMLファイルが保持している文字コードをWebブラウザ側が認識しないと、正しい表示ができません。Webページでよく使われる文字コードとして、Shift-JIS、EUC-JP、UTF-8、ISO-2022-JPがあげられます。

Shift-JISはパソコン普及期に制定されたもので、Windows、Macなどでよく使われています。**EUC-JP**はサーバーなどで利用されるUNIX系のシステムでよく利用されます。**UTF-8**はUnicode（ユニコード）という世界中の文字を統一して扱う文字コードから派生した文字コードです。**ISO-2022-JP**は電子メールでよく使われます

HTMLではどのような文字コードを利用しているかを伝えるために「**文字コード宣言**」を記述します。Shift-JISの場合は次のように書きます。

```
<meta http-equiv="Content-Type" content="text/html; charset=shift_jis">
```

UTF-8の場合は、末尾の「charset=shift_jis」を「charset=utf-8」とするだけです。文字コード宣言は<head>要素のできるだけ先頭に記述します。文字コード宣言の前に日本語を記述すると文字化けなどを起こすおそれがあるからです。

文字コードとは何か

◎ 同じ文字でも文字コードによって符号が異なる

		文字コード			
		ISO-2022-JP (JIS)	Shift-JIS	EUC-JP	UTF-8
文字	あ	2422	82A0	A4A2	E38182
	い	2424	82A2	A4A4	E38184
	う	2426	82A4	A4A6	E38186
	え	2428	82A6	A4A8	E38188
	お	242A	82A8	A4AA	E3818A

◎ 「あいうえお」は文字コードでは「82A0 82A2 82A4 82A6 82A8」

あ　い　う　え　お
82 A0　82 A2　82 A4　82 A6　82 A8

あいうえお

文字は文字コードとしてWebブラウザに送られる

Webブラウザが表示する

◎ 同じデータでも文字コードが合わないと……

HTMLの構造
HTMLはタグによって文書の構造を表すことができます。
タグは半角英数字で記述します。

HTMLフ構
HTMLヘタQﾉ･ﾄ護構¥にてま･
"Oへ廃p甲記q7･

あるWebブラウザで正常に表示されていても……

別の環境では文字化けすることがある

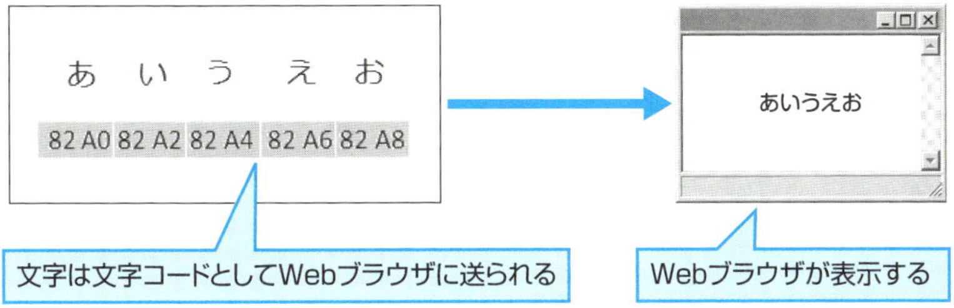

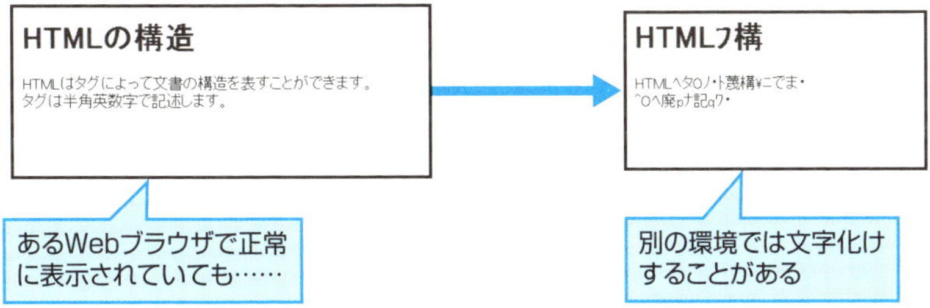

chapter 1

7

ディスプレイ表示は光の三原色

カラーとイメージ

デジカメの画像は編集が必要になる

Webページは写真やイラストなどによって色彩豊かに作ることができます。Webページは多くの場合、液晶ディスプレイなどによって表示されます。たとえば、小型の液晶ディスプレイでは1024×768ドットで、横長のフルハイビジョンディスプレイでは1920×1080ドットの画面の中に表示されます。また、ディスプレイによって画素の密度が異なるために、同じ大きさ（画素数）の写真でもディスプレイによって表示される大きさが変わります。写真などの画像は240×160ドットのように数値で表しますが、ディスプレイの密度によって表示される大きさが違うことになります。

ディスプレイで表示される写真などは「**光の三原色**」で表現されます。これは印刷や絵具などの「色の三原色」とは異なり、**RGB**（レッド、グリーン、ブルー）の3色で構成されます。色の三原色はCMY（シアン、マゼンタ、イエロー）であり、印刷の場合はそれにK（スミ＝黒）が加わります。

デジタルカメラが普及したため、写真はとても手に入れやすいWebの素材になっています。しかし、写真データの扱いには注意が必要です。HTMLでは画像の大きさをウィンドウの大きさに対するパーセントでも、画素（ピクセル）数でも指定することができますが、最近のデジタルカメラは1000万画素以上の機種が多くなり、ファイルサイズが大型化しています。画像編集ソフトなどでファイルサイズの調整をする必要があります。

また、パーセント指定は実際の画素数より大きくした場合はギザギザな表示になったり、実際の画素数より小さくする場合でも、きれいに表示できないことがあるので注意が必要です。パーセント指定をした場合でも、データ自体は元の大きさのまま読み込まれているので、写真などは意図した大きさで表示されるようにWeb表示用に大きさを調整したほうがいいでしょう。

画像とディスプレイ表示

光と色の三原色

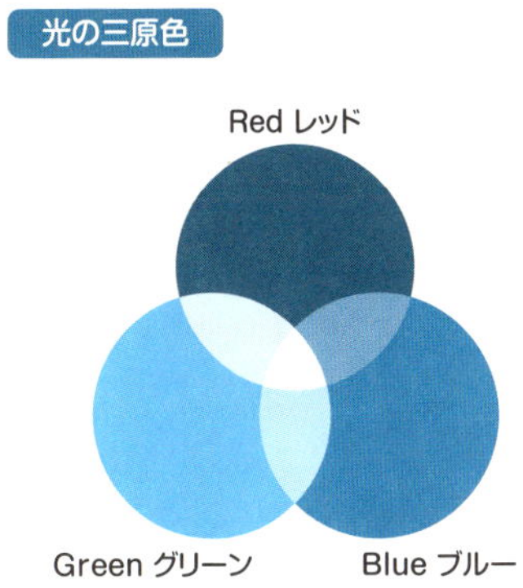
光の三原色
Red レッド
Green グリーン
Blue ブルー

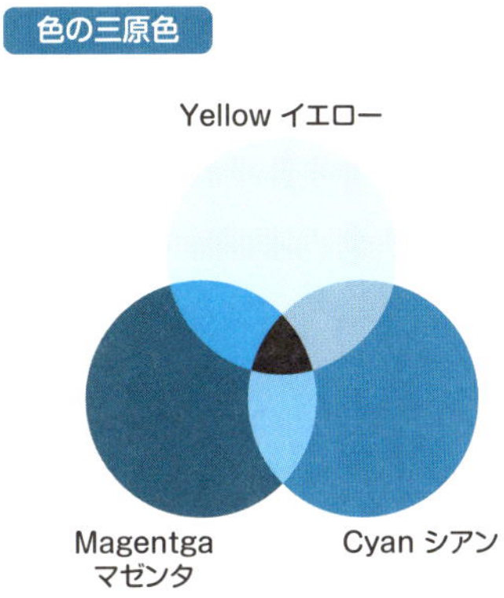
色の三原色
Yellow イエロー
Magentga マゼンタ
Cyan シアン

デジタルカメラの大きなサイズの写真はWebページに合わせて編集する

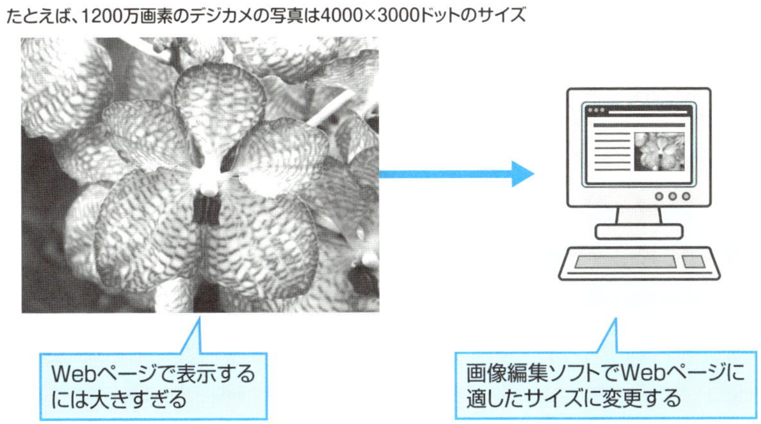
たとえば、1200万画素のデジカメの写真は4000×3000ドットのサイズ
Webページで表示するには大きすぎる
画像編集ソフトでWebページに適したサイズに変更する

chapter 1 HTMLとCSSの関係

8 文書構造とデザイン

効率と保守性を高めるCSS

見出しや本文などが文書を構成する論理的な要素だとすると、見出しの文字の字形や文字の色、文字の大きさなどはデザイン的な要素になります。HTMLのタグによってデザイン的な要素も指定できますが、今日のようにWebページが多様で複雑な表現を求められるようになると、HTMLですべてを指定するとソースが煩雑になりすぎてしまいます。そこで、文書の構造とデザインとを分けて指定したほうが合理的であるという流れが生まれ、次第にその方向に変わっていきました。

文書の構造はHTMLで記述し、デザイン部分は**CSS（Cascading Style Sheets）**で制御することが一般的になったのです。CSSは構造化された文書の見え方、つまりデザインを記述するスタイルシート言語のひとつで、ほかのスタイルシート言語に比べて広く普及しています。

たとえば、HTMLでは、ある文字列を見出しとして定義することができます。見出しをどのフォントで表示するか、大きさや色はどうするかなどを指定するのがCSSの役割になります。文書構造を定義したHTMLファイルとデザインを指定したCSSファイルに役割を分割することで、より複雑なWebページのデザインも効率よく作成することができます。CSSを利用することで、あるレベルの見出しに対しては一括してフォントや色などを指定することができます。そうすれば、見出しの色を変更したい場合はCSSで見出しのデザインを指定した部分だけを変更すれば、一括して変更することができます。

CSSはHTMLのタグに直接記述したりHTMLのヘッダーに記述することができるほか、「.css」という拡張子のファイルを作ってHTMLから参照することができます。そうした特性は、可読性がよく、保守性の高いWebデータの作成に役立ちます。

HTMLとCSS

◎ 文書構造の指定とデザインの指定を分離する

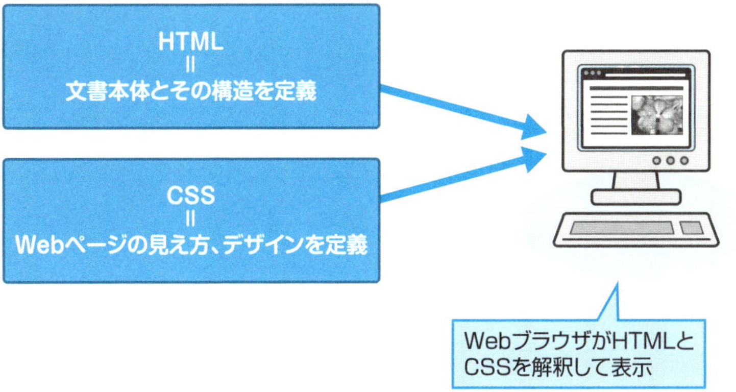
HTML
=
文書本体とその構造を定義
CSS
=
Webページの見え方、デザインを定義
WebブラウザがHTMLと
CSSを解釈して表示

◎ CSSで見出しを一括して赤で表示するように指定

```
<head>
<style type="text/css">
h1 {color:#ff0000;}
</style>
<title>HTML</title>
</head>
<body>
<h1>HTMLの構造</h1>
<p>
HTMLはタグによって文書の構造を表わすことができます。<br>
タグは半角英数字で記述します。
</p>
</body>
</html>
```

色を変更したいときは「#ff0000」だけを変えればいい。「#0000ff」とすれば青になる

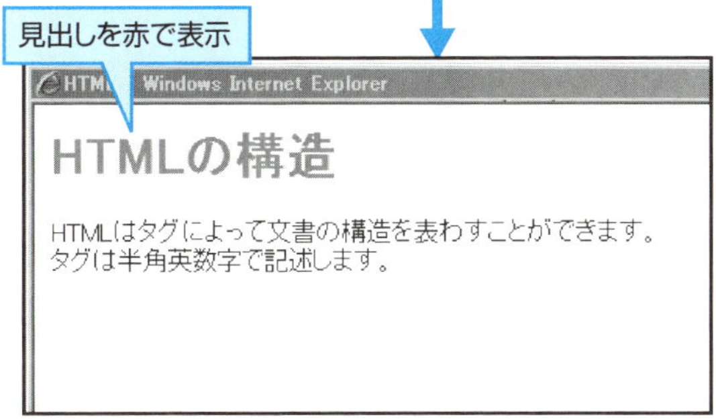
見出しを赤で表示
HTML - Windows Internet Explorer
HTMLの構造
HTMLはタグによって文書の構造を表わすことができます。
タグは半角英数字で記述します。

chapter 1

検索ロボットが膨大なデータを収集

9 検索エンジン

上位の検索結果ほどよく見られる

インターネットを使うことは検索をすることだといわれるほど、検索はよく使われます。ほとんどの人は、知りたいことがあったら、GoogleやYahoo! JAPANなどで検索を利用していることでしょう。インターネットで検索機能を提供する仕組みを**検索エンジン**といいます。

検索エンジンは、インターネット上に公開されているWebページを**クローラ**と呼ばれるプログラムで巡回して収集し、その検索エンジンのルールに従って整理保管しておきます。そして、ユーザーの検索語に対応して情報を表示するという仕組みになっています。クローラは検索ロボットとも呼ばれ、このような検索エンジンを**ロボット型**といいます。

それに対して、**ディレクトリ型検索エンジン**といって、情報を人手によって分類してカテゴリ別にまとめておく方法もあります。こちらは、特定の分野などを検索する場合に質の高い結果を得られるといわれますが、現在では主流ではなくなっています。大手の検索サイトであるGoogleやYahoo! JAPANでもロボット型が採用されています。

大手の検索エンジンでは、数十億ページともいわれる膨大なデータを蓄積して、そこからの検索が可能になっています。といっても、検索の要求にすばやく応えるために、情報はあらかじめ解析されてインデックス（索引）が作られています。検索結果を早く表示することと、ユーザーの期待に応えられる質の高い結果を提供することが検索サイトの評価を決めます。

とくに、検索結果のランクづけをどういう要素によって決定しているかは、重要なポイントになっていてほとんどが公開されていません。検索結果は、最初のページの上側に表示される順位に入らないとリンクが参照される率が大きく下がるといわれています。

検索エンジンの仕組み

検索エンジンは世界中のWebサーバーから情報を収集して検索を可能にする

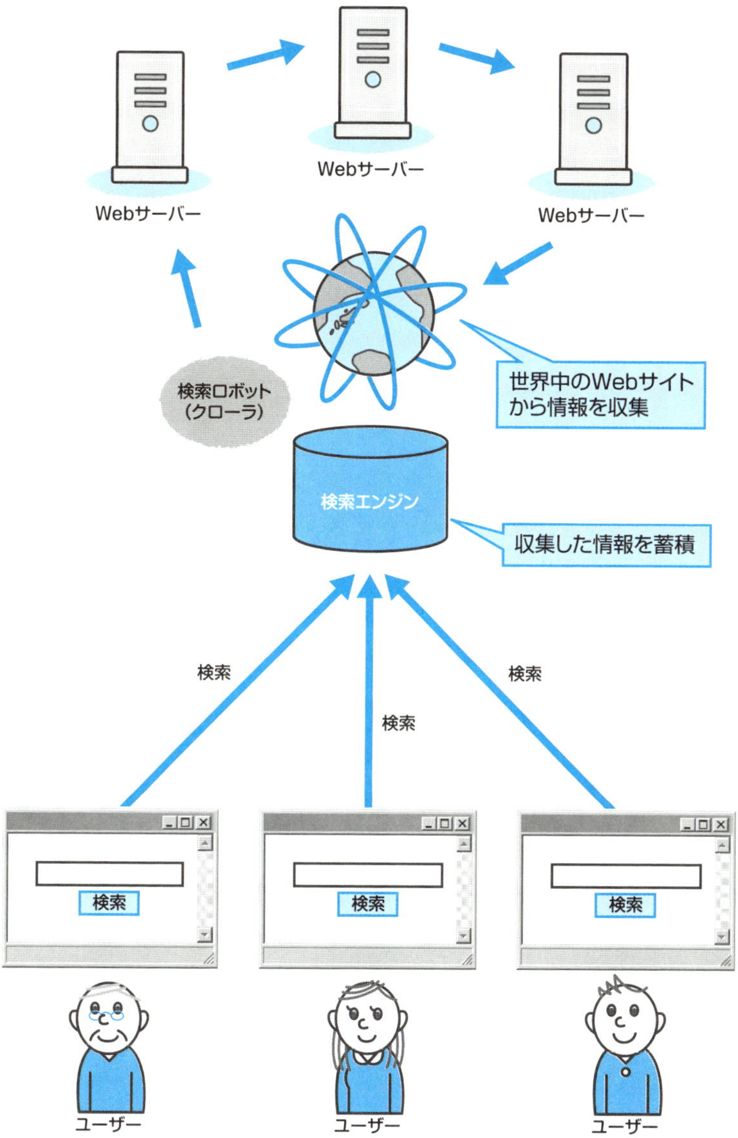
Webサーバー
Webサーバー
Webサーバー
検索ロボット
(クローラ)
世界中のWebサイト
から情報を収集
検索エンジン
収集した情報を蓄積
検索
検索
検索
検索
検索
検索
ユーザー
ユーザー
ユーザー

chapter 1　検索サイトでヒットするためには

10 SEO対策とは

Web標準に沿ったページ作成が重要

インターネットの検索エンジンを多くの人が使うようになると、自社のWebサイトにできるだけ多くのユーザーを誘導したい企業は、検索結果の上位に表示されるために工夫をするようになります。それが、**SEO（Search Engine Optimization）**で、日本語では**検索エンジン最適化**と訳されます。

企業の要求に応えるために、SEOを専門にする業者も登場して、検索サイトとの攻防が繰り広げられたこともありました。SEO業者は、検索エンジンがランキングを決める手法（アルゴリズム）を分析して、顧客のWebページを上位にランキングさせようとします。それに対して検索サイトはアルゴリズムを変更したり、「不正」とされるようなアクセスの検出を行いました。

たとえば、世間で耳目を集めているキーワードを内容と関係なくWebページに表示されないかたちで挿入するなどの行為によって、検索にヒットするようにすることもかつて行われました。しかし、そのような検索結果によってユーザーの関心を引いても、満足を与え信頼を得ることはできません。一方で、検索サイトは企業の要望に応える方法として、有料登録という方法を提供しています。本来の検索結果の上や横に表示される「スポンサー」と表示される関連リンクです。

Webページの担当者としては、SEOを単に検索対策の技法としてとらえるのではなく、Webの特徴を正しく理解して、適切な情報を正しく提供するための方法ととらえることが大切です。Webページの内容に対してどのようなキーワードを配したらいいのか、調査を行ったり、さらにユーザーの関心を引きやすいタイトルのつけ方などを検討します。検索ロボットによって収集されたデータが適切に分析されるように、Web標準に沿ったWebページの作成が重要になります。また、リンクの多さがWebページの重要性に結びつくといわれるので、リンク構成の最適化も大切なポイントになります。

検索エンジンとSEO

Googleの検索結果

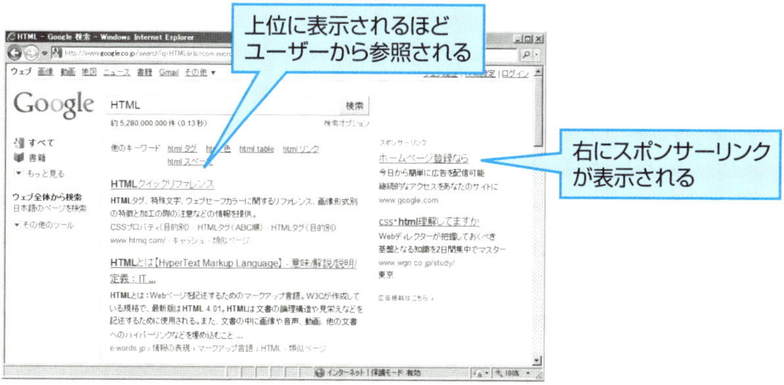
上位に表示されるほど
ユーザーから参照される
右にスポンサーリンク
が表示される
Google
HTML
検索

SEO的に優れているとされるWebページ

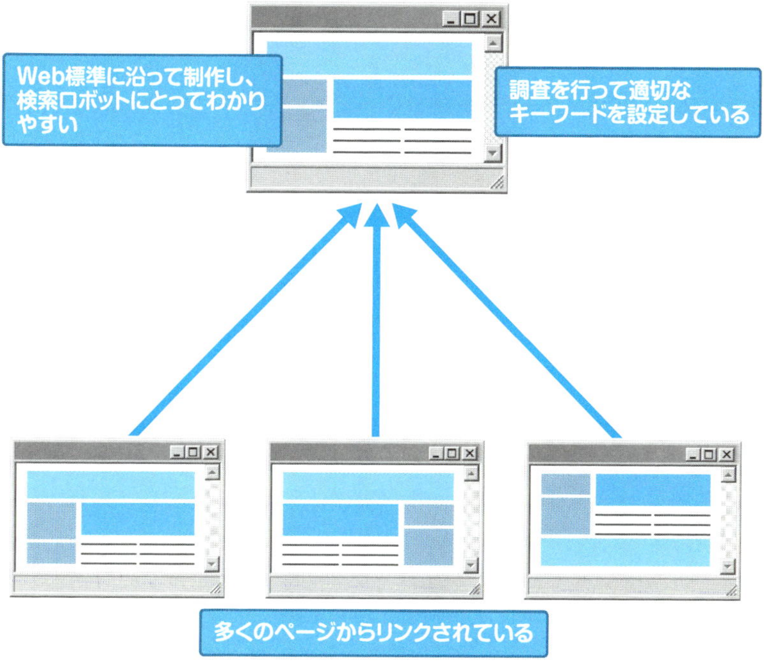
Web標準に沿って制作し、
検索ロボットにとってわかり
やすい
調査を行って適切な
キーワードを設定している
多くのページからリンクされている

chapter 1 より豊かに、見やすくするために

11 多様化するWebページ

サイト連携とプログラムによる動的なWebページ

ハイパーテキストを実現する技術としてはじまったWebページは、最初は文字を中心としてリンクを張りめぐらせただけのものでした。しかし、インターネットが発展を遂げる中で、Webページは表示が多彩になるだけではなく、会員登録をしたり、ショッピングが可能になったりと、機能的にも豊かなものになってきました。

ただ情報を参照するだけでなく、現実の世界で可能なことをWeb上でできるようにしたのは、Webページとプログラムを連携させて情報の取得や情報の加工を行うことが可能になったためです。今日ではWeb上でのプログラム動作を実現するためにさまざまな技術が提供されています。

たとえば、ショッピングサイトの場合は、ユーザーに会員登録をしてもらい、性別や年齢や嗜好、買い物の経歴などを記録した顧客データベースを保持しています。一方で、ユーザーの嗜好に合わせた商品を登録する仕組みを用意して商品群のデータベースを構築しています。ショッピングサイトは、季節やユーザーの嗜好などを分析してそれに合わせた商品の提案を、メールやWebページで行っています。

また、買い物のためにクレジットカードの認証や決済手続も行わなければなりません。そのため、**認証・決済サイト**が用意され、カード番号や個人情報が漏洩しないように、セキュリティを保つための通信方式が確立されています。

現在のWebサイトは必要な機能を提供するサイトとの連携、各種のデータベースとの連携のもとに、ダイナミックに求められる情報をまとめあげ、プログラムによってユーザーとの相互的な情報のやりとりを可能にしています。

現在のWebページはいろいろなことができる

データベースや認証サイトなどと連携して動作するWebサイト

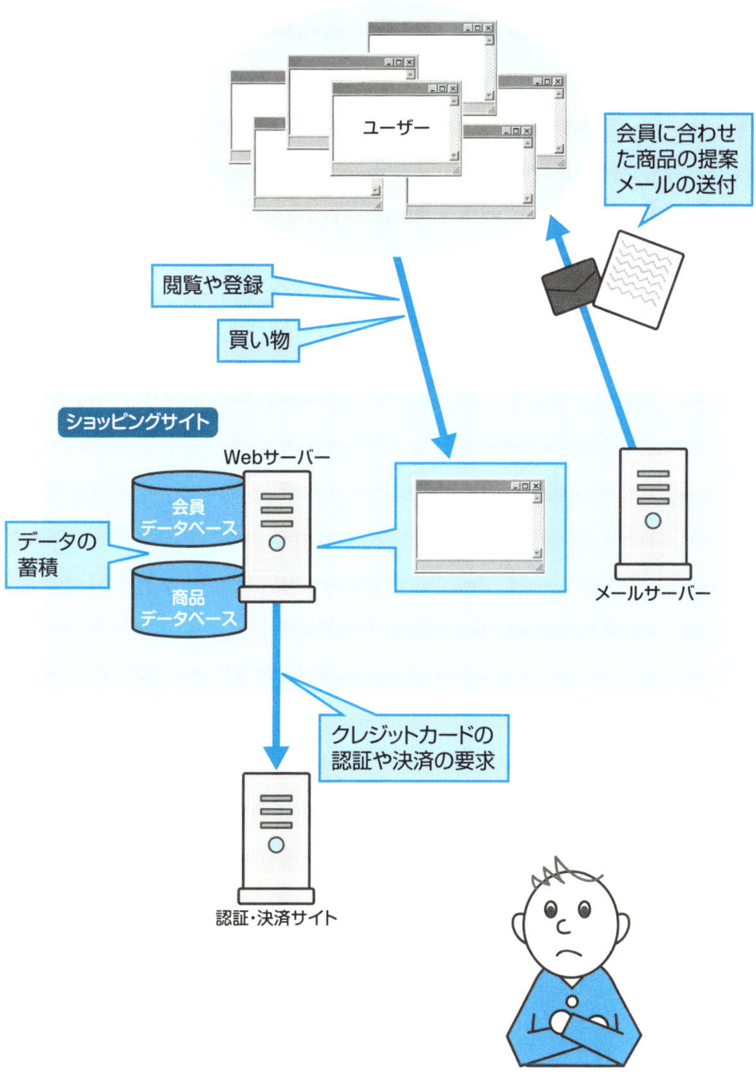
ユーザー
会員に合わせた商品の提案メールの送付
閲覧や登録
買い物
ショッピングサイト
Webサーバー
会員データベース
商品データベース
データの蓄積
メールサーバー
クレジットカードの認証や決済の要求
認証・決済サイト

chapter 1 誰にでも使いやすいWebページとは

12 アクセシビリティとユーザビリティ

Webページを参照する環境はさまざま

Webページにおける**アクセシビリティ**とは、障害者や高齢者などはもちろん、誰にとっても情報が伝わりやすい作りになっているかどうかを意味します。それには、小さい文字が読みにくい人には文字を大きくし、目の不自由な人には音声読み上げが可能になっているなど、コンピュータの特性を活かして情報へのアクセスを容易にする手段が講じられていることが必要です。

たとえば、Webページに写真を表示する場合のことを考えてみましょう。通常のビジュアルブラウザでは写真が表示されますが、テキストだけを表示するWebブラウザやWebブラウザの画像表示機能を切って使っている人もいます。音声ブラウザもあります。テキストブラウザや音声ブラウザでは写真が存在しないことになってしまいます。そういうときのために、HTMLでは写真の位置に「ここに○○の写真が入っています」というような文字を表示する機能が用意されています。**代替テキスト**と呼ばれるものです。Webページの制作にあたっては、利用する人やその環境がさまざまであることを考慮する必要があります。

一方、**ユーザビリティ**は、使いやすさや使い勝手を表す言葉です。Webページが持っている機能がわかりやすいこと、目的の機能が見つけやすいことなど、操作性が優れているWebページをユーザビリティがいいと表現します。

製品を説明したWebページに行こうとして迷ったり、ダウンロードのリンクがなかなか見つけられなかった経験は誰にでもあることでしょう。

目的のページに速やかにたどりつくことができるWebページは、ユーザーがストレスを感じないため、繰り返して訪れる確率が高まります。それには、Webページの配置やレイアウトだけでなく、表示速度を改善するなど、さまざまな工夫が必要になります。

伝わりやすく、わかりやすいWebページとは

写真が入っているWebページの場合

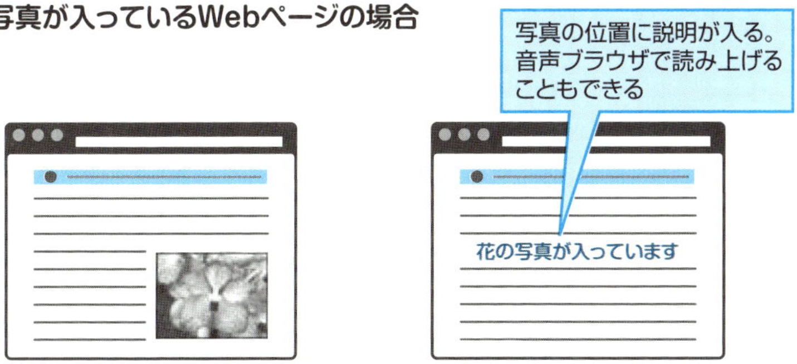
写真の位置に説明が入る。
音声ブラウザで読み上げる
こともできる
花の写真が入っています

通常のビジュアルブラウザでは写真が表示される

画像を表示できないWebブラウザでは写真の代わりに文字を表示できる（代替テキスト）

ユーザビリティはWebページの使いやすさ、わかりやすさを表す言葉

わかりやすい例　　わかりにくい例

ロゴマーク
カテゴリA
カテゴリB
AAAAAA
AAAAAA

ページの左上にあるロゴをクリックするとトップページにリンクしているというような、共通認識に従った操作を取り入れる

違うカテゴリに同じタイトルの項目があるとどちらに行けばいいのかわからない

chapter 1 Webを提供する仕組み

13 Webページと Webサーバー

サーバーはプログラムも実行する

コンピュータネットワークで、**サーバー**とはクライアントの要求に対して何らかのサービスを提供する側のコンピュータを指す言葉です。たとえば、プリンタ機能を提供するのはプリンタサーバーと呼ばれます。Webサーバーは Webの機能を提供するサーバーということになります。

Webページのデータは Webサーバーに置かれて、インターネット経由で送信されます。**Webサーバー**とは、サーバーとして用いるコンピュータハードウェアに、Webサーバーのソフトウェアをインストールしたものを指します。また、Webサーバーの機能を実現するソフトウェアのこともWebサーバーと呼ぶことがあります。

Webページのデータは Webサーバー上に置かれます。Webサーバーに対して、Webページを表示するWebブラウザ側を**Webクライアント**と呼びます。

Webサーバーのソフトウェアとしては、オープンソース系のApache HTTP Serverやその派生製品と、MicrosoftのIIS (Internet Information Services)がよく知られています。

Webサーバーは Webクライアントの要求に従って、ネットワーク経由でWebページのデータを提供しています。Webブラウザに URLを入力して、インターネットに接続することなどが「クライアントの要求」にあたります。多くのWebサーバーは Webページのデータを迅速に送るため、HTMLファイルや画像ファイルなどを並行して送信する仕組みを備えています。

Webサーバーは、Webページのデータを送るだけでなく、Webページと連動して動くプログラムを実行する役割も担っています。それによって、Webクライアントとやりとりして会員登録と認証を行ったり、掲示板へ書き込んだりというような動的な処理が可能となります。

Webサーバーと何か

Webサーバーと Webクライアント

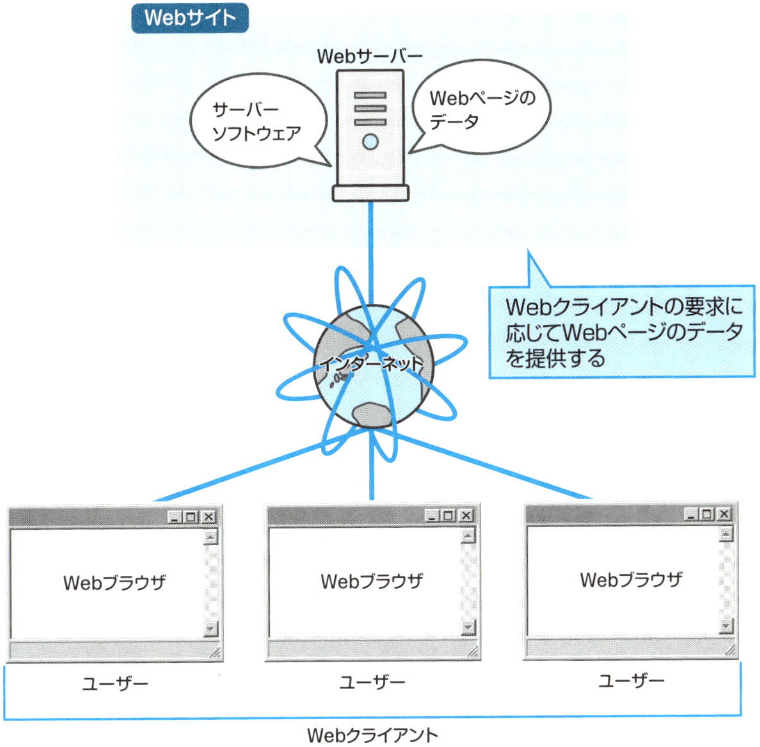
Webサイト
Webサーバー
サーバー
ソフトウェア
Webページの
データ
Webクライアントの要求に
応じてWebページのデータ
を提供する
インターネット
Webブラウザ
Webブラウザ
Webブラウザ
ユーザー
ユーザー
ユーザー
Webクライアント

サーバーのプログラムでWebページの機能が広がる

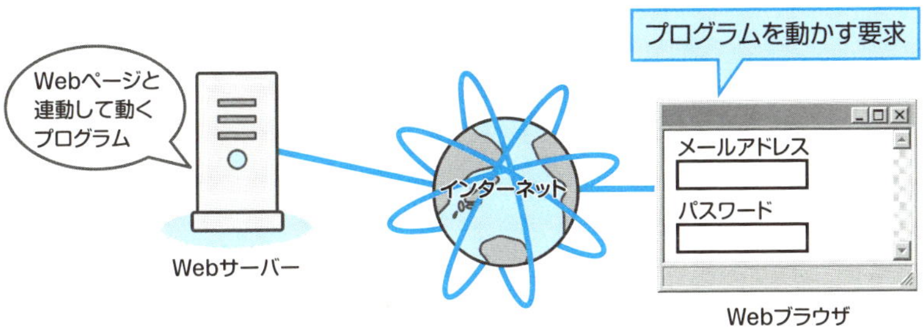
Webページと
連動して動く
プログラム
プログラムを動かす要求
インターネット
メールアドレス
パスワード
Webサーバー
Webブラウザ

chapter 1

14

httpやhttpsとは

Webの通信

通信のためのルール＝プロトコル

HTMLはWebページの構造を定義してWebブラウザで表示するためのルールですが、インターネットではデータを送受信するための通信のルール（プロトコル）があります。Web担当者は、通信ルールを詳細に知る必要はありませんが、Webページに関する基本的な事柄として、通信に関するルールも押さえておくようにしましょう。

インターネットでもっとも基本的な通信ルールとなっているのが、**TCP/IP（Transmission Control Protocol/Internet Protocol）**です。Webページのデータのやりとりには、**HTTP（HyperText Transfer Protocol）**が使われます。日本語ではハイパーテキスト転送プロトコルといわれます。HTTPは、TCP/IPの上で動作していると考えればよいでしょう。URLの最初に「http://」とついていますが、これはHTTPで送受信することを表しています。

WebブラウザはHTTPという通信ルールのもとにWebページを表示する要求を出します。それがURLの入力にあたります。Webブラウザから要求を受けたWebサーバーは、WebページのデータをWebブラウザに送ります。Webブラウザは受け取ったデータを処理して表示します。

HTTPは回線を占有せずに**パケット**という小さな単位で送受信し、通信状態の連続性を保持しない特色があります。そのため、会員制のWebサイトなどではユーザー側の状態を把握するために、**Cookie（クッキー）**という情報をWebブラウザ側に置き、それを利用してユーザーを識別したりしています。

また、Webページで個人情報や決済情報を扱う場合などに「https://」となっている場合があります。これは、**SSL（Secure Sockets Layer）**というセキュリティを確保して通信を行う場合に使われるプロトコルが適用されていることを意味します。SSLは、暗号化、認証、改ざん検出を行えるようになっており、人に知られたくない情報などを、不正な攻撃から守る機能を持っています。

HTTPとHTTPS

◎HTTPという通信ルールで情報がやりとりされる

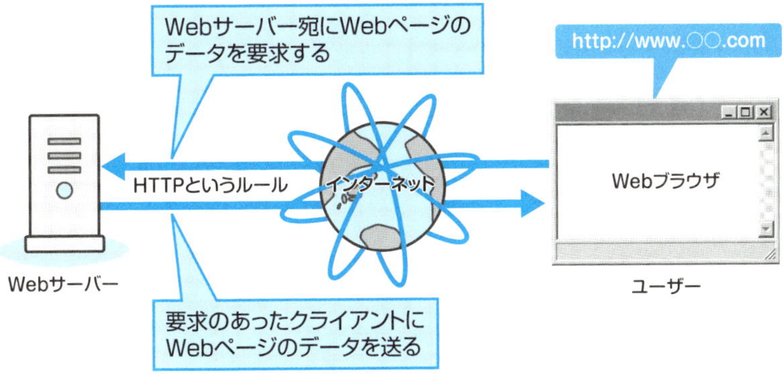
Webサーバー宛にWebページの
データを要求する
http://www.○○.com
HTTPというルール
インターネット
Webブラウザ
Webサーバー
ユーザー
要求のあったクライアントに
Webページのデータを送る

しかし、暗号化していないとデータを盗まれた場合にすぐに読まれてしまう

◎HTTPSではデータを暗号化して漏洩を防ぐ（SSL）

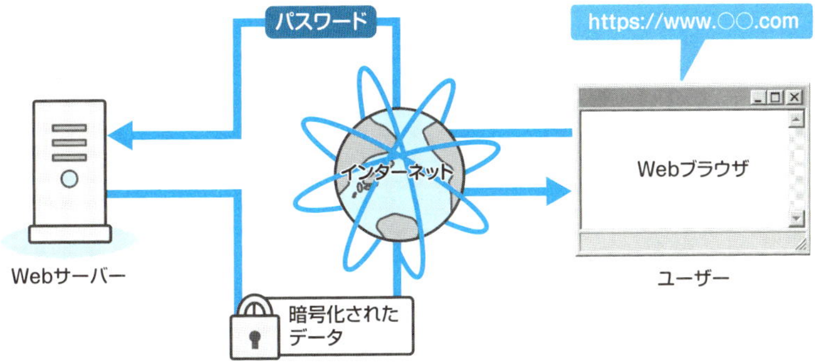
パスワード
https://www.○○.com
インターネット
Webブラウザ
Webサーバー
ユーザー
暗号化された
データ

暗号化されたデータは盗まれても読まれない

Chapter 1 サーバーはどこにあるのか

15 ハウジングとレンタルサーバー

サーバーの運用は専門業者に委託する

ドメイン名を取得して、Webサーバーを用意しインターネットに接続すれば、Webサイトを公開することができます。しかし、Webサーバーの運用にはいくつかの難しい面があります。Webサーバーは電源対策を行って停電時にも運用できるようにして、24時間稼働させなければなりません。ネットワーク上の不正な攻撃からサーバーを守るセキュリティ対策も必要です。システムにトラブルが起きて、Webサーバーが機能しなくなったときなどにもすぐに対処する必要があります。

それを企業で用意するにはコストや人員が割かれるため、通常はサーバー運営の専門企業に依頼することが多くなります。サーバー運営サービスは**ハウジング**と**レンタル（ホスティングサービス）**という2種類に分けられます。

Webサーバーを用意して設定などを行ったうえで、サーバーを運営会社に預ける方法がハウジングです。ハウジングはすでにWebサーバーを運営していて、その負担を軽減するために運用を委託するという例が多いようです。

一方、レンタルサーバーの場合は、サーバーの設定などは業者の側で行いますから、契約するだけで利用することができます。レンタルサーバーには、**専用サーバー**と**共有サーバー**という方式があります。

専用サーバーは、文字通り自社の専用サーバーとして使えて自由度が高いサービスですが、レンタルのコストも比較的高くなります。それに対して、共有サーバーは、比較的低コストですが、レンタル会社によってサービス内容が異なったり、負荷の大きいプログラムの導入が制限されるなど問題もあります。

一方、最近では**VPS（Virtual Private Server）**という方式が増えています。これは、ハードウェアとしては1台のサーバーを仮想的に複数台の専用サーバーに見せることが可能な技術で、それぞれ独自の環境を構築できる自由度が高まります。

サーバーの種類

ハウジングサービス

サーバーを預かってもらう

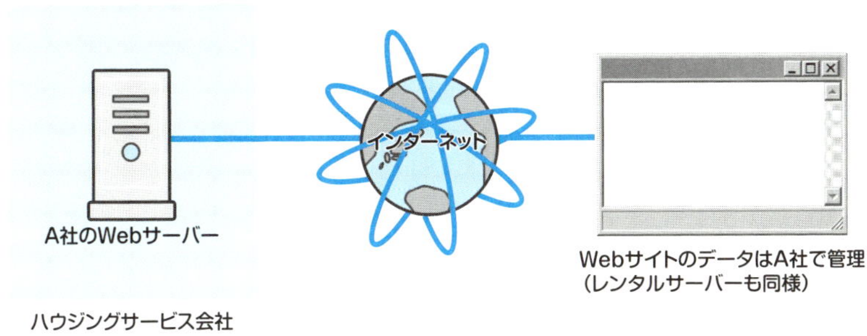
A社のWebサーバー
インターネット
Webサイトのデータは A社で管理
(レンタルサーバーも同様)
ハウジングサービス会社

ホスティングサービス(レンタルサーバー)

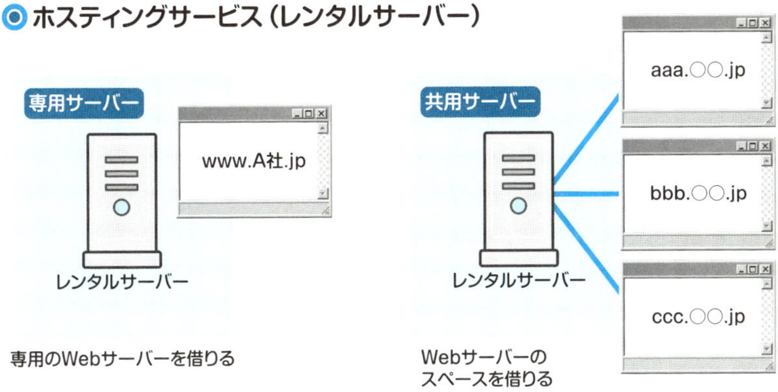
専用サーバー
www.A社.jp
レンタルサーバー
専用のWebサーバーを借りる
共用サーバー
aaa.○○.jp
bbb.○○.jp
ccc.○○.jp
レンタルサーバー
Webサーバーの
スペースを借りる

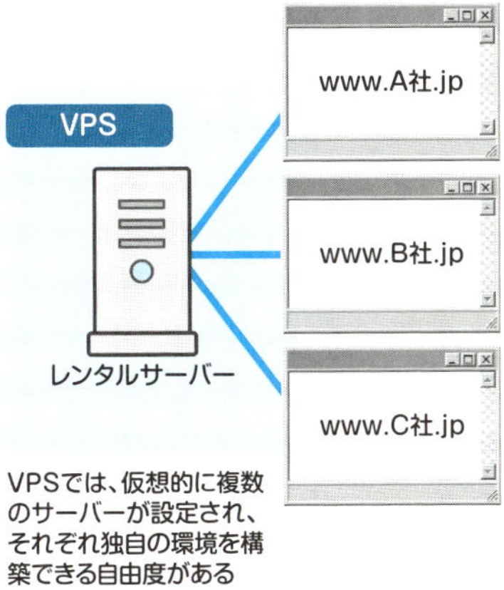
VPS
www.A社.jp
www.B社.jp
www.C社.jp
レンタルサーバー
VPSでは、仮想的に複数
のサーバーが設定され、
それぞれ独自の環境を構
築できる自由度がある

chapter 1　LANとWAN

16 ネットワークの種類

ルーターはネットワークとネットワークを結ぶ

会社や家庭でコンピュータ同士を結んでいる小さい単位のネットワークは、**LAN（Local Area Network）**と呼ばれます。LAN同士を結んでネットワークを張ったものが**WAN（Wide Area Network）**です。WANの例としては企業グループの各事業所を専用線で接続したネットワークなどがあげられます。インターネットは、世界中を結んでいるもっとも規模の大きいWANと位置づけることもできます。

企業のLANをWANとしてまとめたり、家庭のパソコンをインターネットに接続する役割は**インターネットサービスプロバイダ（ISP）**が担います。単にプロバイダと呼ぶことも多いですね（実際には回線事業者と契約をしてプロバイダを選択することもあります）。ISPはさらに大きな単位でネットワークをまとめている**インターネットエクスチェンジ（IX）**に接続しています。IXは国別のネットワークではもっとも大きな単位となります。日本国内にはいくつかのIXが存在し、海外のIXと接続しています。IX同士が世界的につながることでインターネットを構成しています。

機器としては**ルーター**が企業LANや家庭内と外部のネットワークを結ぶ役割を持っています。ルーターは基本的には、ネットワークを飛び交うIPパケットを制御するものですが、利用される場所によってさまざまな付加機能が与えられています。基幹ネットワークで使われるコアルーターという大規模なものから、家庭に設置されるブロードバンドルーターまで、用途に合わせてさまざまなルーターがあり、ネットワーク同士を接続しています。

LANの内部では**スイッチングハブ**によって接続ポイントが設けられて、それぞれのパソコンなどに接続されています。家庭ではADSLモデムなどと一体化したブロードバンドルーターに接続されていることが多いでしょう。

LANが集まってWANになる

LANとLANを結んだネットワークはWAN

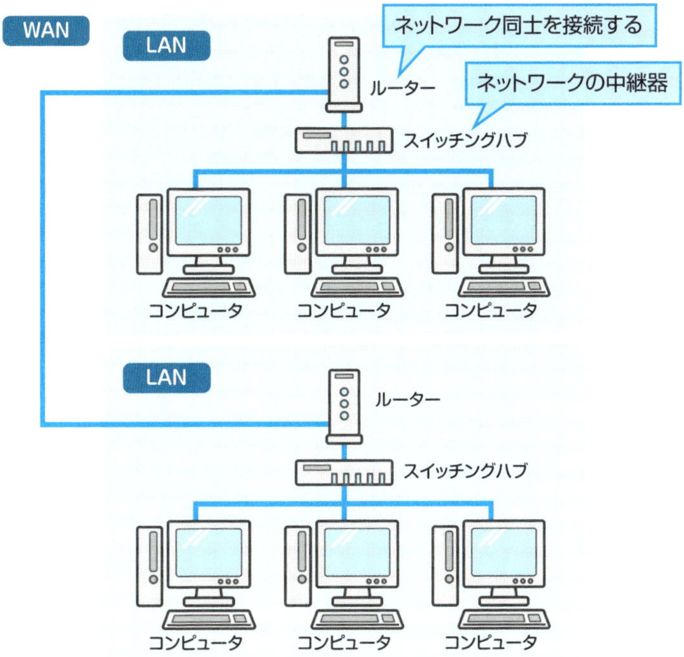
WAN
LAN
ネットワーク同士を接続する
ルーター
ネットワークの中継器
スイッチングハブ
コンピュータ
コンピュータ
コンピュータ
LAN
ルーター
スイッチングハブ
コンピュータ
コンピュータ
コンピュータ

LANはISPへ、ISPはIXへ、IXはIX同士で接続して世界中が結ばれる

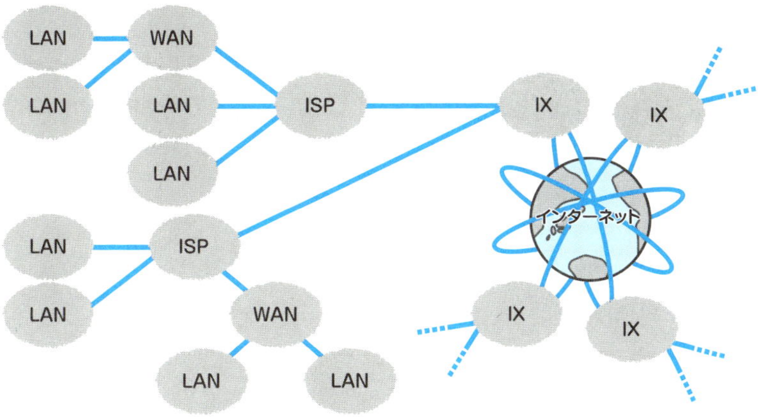
LAN
WAN
LAN
LAN
ISP
LAN
IX
IX
インターネット
LAN
ISP
LAN
WAN
IX
IX
LAN
LAN

chapter 1

ネットワークにも内側と外側がある

17 インターネットとイントラネット

社内業務をWebで行うことができる

インターネットの通信技術やWebシステムなど、インターネットの標準的な技術を利用して構築した社内システムを**イントラネット**と呼びます。社内向けのWebサーバーを構築することによって、社員はWebブラウザで業務に必要な情報処理などを行うことができます。企業によってはグループ内などで、イントラネットとイントラネットを結んで運用するエクストラネットを構築している例もあります。

イントラネットの一番の特色は、ネットワークが社内に限定され、イントラネットのシステム自体はインターネットとは切り離されていることです。社員は同じWebブラウザでインターネットもイントラネットも利用することができますが、イントラネットのWebサーバーは基本的に外部からアクセスすることはできません。

そのため、イントラネットはネットワークを通じた外部からの攻撃に対して比較的安全であるといえます。一方、内部からの情報改ざんなどに対してはイントラネットでも従来からの業務システムでも同じ程度のリスクがあると考えていいでしょう。

従来からの業務システムの場合、サーバー側とクライアント側のプログラムをそれぞれ開発し、それを配置することによって業務を行います。プログラムを変更した場合はクライアントのプログラムをすべて更新するなど、管理にも手間がかかります。イントラネットはWebシステムですから、クライアント側はWebブラウザを利用しているため、システムの更新などにも柔軟に対応することができます。管理者にも負担の少ないシステムだといえます。

イントラネットは、書類の雛型などのファイル共有やスケジュールの共有管理など、社内の情報共有を行うシステムを構築し運用することに向いています。

インターネットの技術で社内システムを構成するイントラネット

◎ イントラネットとインターネット

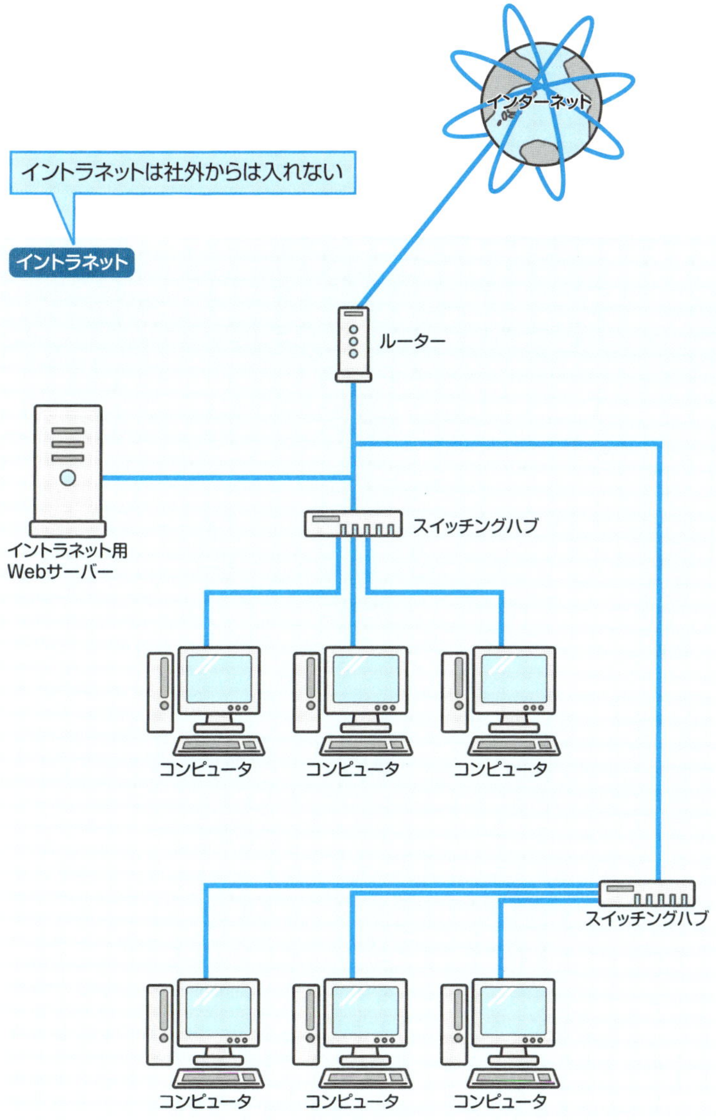
インターネット
イントラネットは社外からは入れない
イントラネット
ルーター
イントラネット用
Webサーバー
スイッチングハブ
コンピュータ
コンピュータ
コンピュータ
スイッチングハブ
コンピュータ
コンピュータ
コンピュータ

chapter 1 ネットワーク端末を特定する仕組み

18 IPアドレスとDHCP

IPアドレスにはグローバルとプライベートがある

インターネットでは情報をパケットという単位に分けて通信を行っていますが、パケットがどこから発信されてどこに行くのか、コンピュータなどの機器にアドレスを割り振って管理する必要があります。そのアドレスを**IPアドレス**と呼びます。

IPアドレスは、「192.168.0.2」というような4ブロックの数字として表されます。現在利用されているのは、**IPv4（Internet Protocol version 4）**と呼ばれるもので、4つのブロックは8ビットで表され、10進法だとそれぞれ0～255を表現できます。

IPv4の32ビット（8ビット×4）のアドレスは、約43億個のIPアドレスが管理できるはずですが、インターネットの爆発的な普及によって、間もなくIPアドレスが枯渇するといわれています。そのため、今後は**IPv6**という128ビットのIPアドレスへの移行が進められており、一部で利用がはじまっています。

IPアドレスには、世界規模で管理される**グローバルIPアドレス**とLANの内部などで使う**プライベートIPアドレス**があります。Webサーバーなどには、固定的なグローバルIPアドレスが割り当てられて、常にインターネットに接続されています。

通常、クライアントのコンピュータに対するIPアドレスの割り当ては、**DHCP（Dynamic Host Configuration Protocol）**という方式によって、自動的に行われています。Windows Serverなどほとんどのサーバー OSはDHCPサーバー機能を持っています。また、WindowsやMacなどほとんどのクライアントコンピュータのOSはDHCPクライアント機能を持っています。家庭ではブロードバンドルーターがDHCP機能を持っていて、家庭内のコンピュータなどの機器にIPアドレスを割り当てています。

IPアドレスとは何か

◎グローバルIPアドレスとプライベートIPアドレス

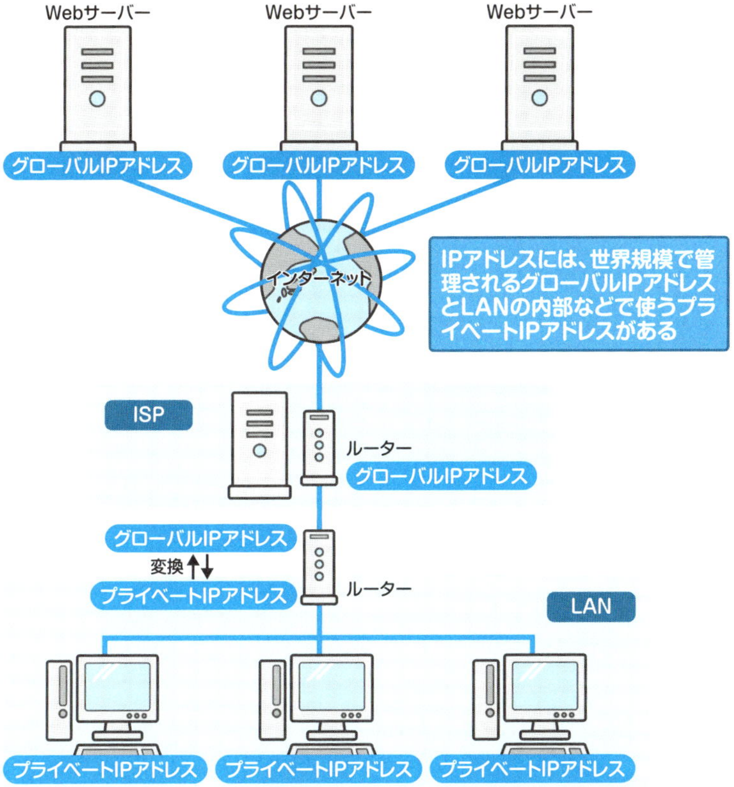
Webサーバー
Webサーバー
Webサーバー
グローバルIPアドレス
グローバルIPアドレス
グローバルIPアドレス
インターネット
IPアドレスには、世界規模で管理されるグローバルIPアドレスとLANの内部などで使うプライベートIPアドレスがある
ISP
ルーター
グローバルIPアドレス
グローバルIPアドレス
変換
プライベートIPアドレス
ルーター
LAN
プライベートIPアドレス
プライベートIPアドレス
プライベートIPアドレス

◎クライアントコンピュータにはDHCPサーバーからIPアドレスが割り当てられる

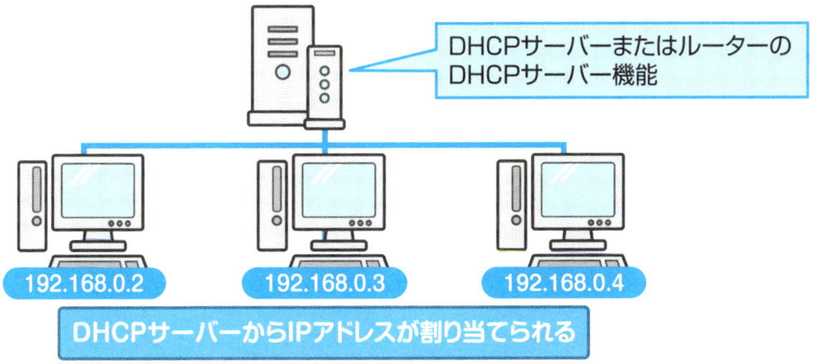
DHCPサーバーまたはルーターの
DHCPサーバー機能
192.168.0.2
192.168.0.3
192.168.0.4
DHCPサーバーからIPアドレスが割り当てられる

chapter 1 ドメイン名はネットワークの住所を示している

19 インターネットのドメイン名とは

ドメイン名は世界で一元管理される

インターネットでは、**ドメイン名**をつけてコンピュータを特定することになっています。たとえば、「www.google.com」の「google.com」がドメイン名にあたります。「www」はサーバー名になり、「www.google.com」でWebサーバーを特定します。「66.249.89.99」というIPアドレスよりドメイン名のほうが親しみやすく感じます。ドメイン名は、IPアドレスとともにインターネット上に登録されています。また、「○○@google.com」のようにメールアドレスの一部にもドメイン名が使われます。

ドメイン名は世界規模で一元管理されており、名前が重複することはありません。ドメイン名とIPアドレスは所有者（企業や団体など）などとともにインターネット上に登録されていて、ドメイン名からIPアドレスや所有者を検索することが可能です。ドメイン名は有料で登録することができます。ドメイン名の基本的なルールは次のようなものです。

- **ドメイン名を管理する正規の機関から承認を受けなければならない。**
- **ドメイン名が重なった場合は先に申請した者に権利がある。**
- **通常、登録から1年間使えるが、更新手続をしないと権利を失う。**

ドメイン名の最後につける「.com」や「.jp」などは**TLD（Top Level Domain）**と呼ばれます。「.com」はコマーシャルを意味し、本来は商用目的で使われるべきTLDですが、それほど厳密ではなく広く利用されています。「.gov」というTLDはガバメントを意味し、米国の政府関係機関しか使えません。このようにTLDは使っている機関の種類を示しますが、扱いは一様ではありません。

日本でよく使われるTLDとして、企業の「.co.jp」や「.com」、教育機関の「.ac.jp」などがあります。また、「会社名.jp」のようなドメインは**汎用JPドメイン**といわれます。

ドメイン名とは何か

ドメイン名とIPアドレス

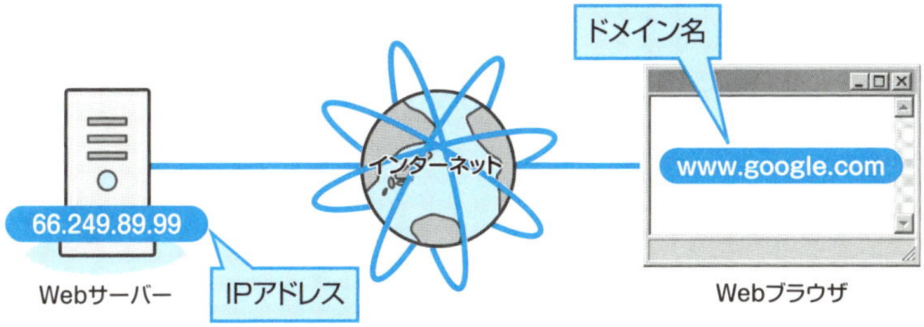
ドメイン名
www.google.com
インターネット
66.249.89.99
Webサーバー
IPアドレス
Webブラウザ

人はドメイン名のほうが理解しやすいが、
コンピュータはIPアドレスで通信する

ドメイン名の決まり

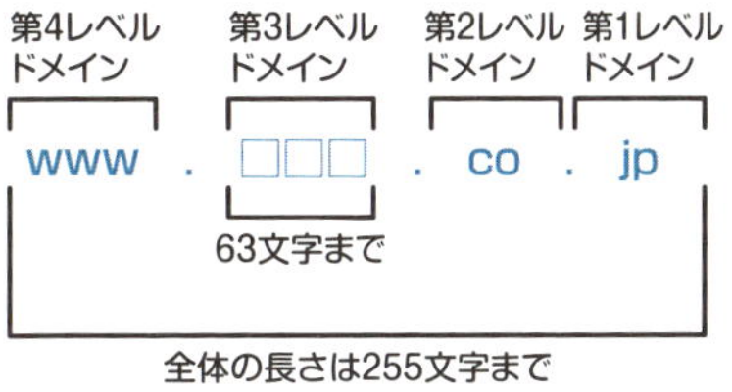
第4レベル
ドメイン
第3レベル
ドメイン
第2レベル
ドメイン
第1レベル
ドメイン
www . □□□ . co . jp
63文字まで
全体の長さは255文字まで

ドメイン名の展開

独自のドメイン名を取得すると、Webサーバーやメールアドレス、
メールサーバーの名前などにドメイン名を使える

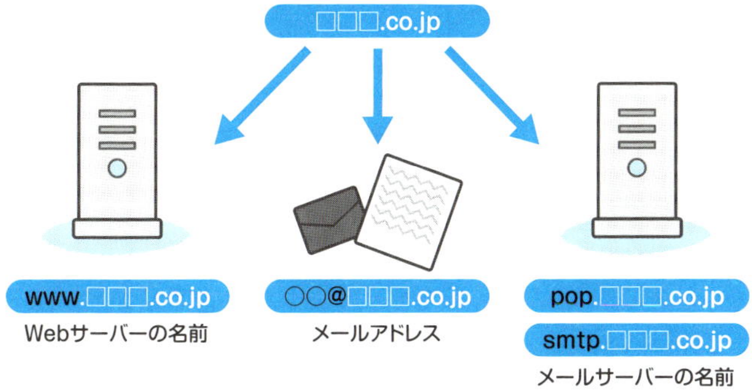
□□□.co.jp
www.□□□.co.jp
Webサーバーの名前
○○@□□□.co.jp
メールアドレス
pop.□□□.co.jp
smtp.□□□.co.jp
メールサーバーの名前

chapter 1 ドメインとIPアドレスを交通整理する

20 DNSサーバー

「名前を解決」するために

ドメイン名は人間にとって理解しやすい名前ですが、ネットワークの上ではコンピュータにとって理解しやすいように、ドメイン名をIPアドレスに変換しなければなりません。ドメイン名とIPアドレスを対応させて、IPアドレスを得る仕組みとして**DNS(Domain Name System)**があります。

DNSによってドメイン名からIPアドレスを導き出すコンピュータを**DNSサーバー**といいます。単にネームサーバーと呼ばれることもあります。DNSサーバーはユーザー自身が属している組織にも、表示したいWebサーバーがある組織にも設けられています。ルートDNSサーバーは世界で13か所に配置されている最上位のサーバーです。さらに、ドメインのレベルごとのDNSサーバーが多重的に存在しています。

どのレベルのDNSサーバーであっても停止したときは目的のコンピュータを探し出すことができなくなるなど、影響が大きいため、常にバックアップ体制がとられています。

DNSによってドメイン名からそれ対応するIPアドレスを得ることを**名前解決**といいます。たとえば、「www.google.com」をWebブラウザで入力すると、その要求は自分が属しているドメインのDNSサーバーに伝わります。そして、まずルートDNSサーバーに問い合わせます。ルートDNSサーバーからは「.com」のDNSサーバーに問い合わせるよう返事がきます。「.com」のDNSサーバーに問い合わせると、「google.com」に問い合わせるよう返事がきます。さらに「google.com」のDNSサーバーに問い合わせると、「66.249.89.99」というIPアドレスが返ってきました。IPアドレスは最初にドメイン名を問い合わせたコンピュータに伝えられ、IPアドレスにアクセスしてWebページが表示されることになります。

DNSとは何か

DNSでWebサーバー（google.com）のIPアドレスを知るまで

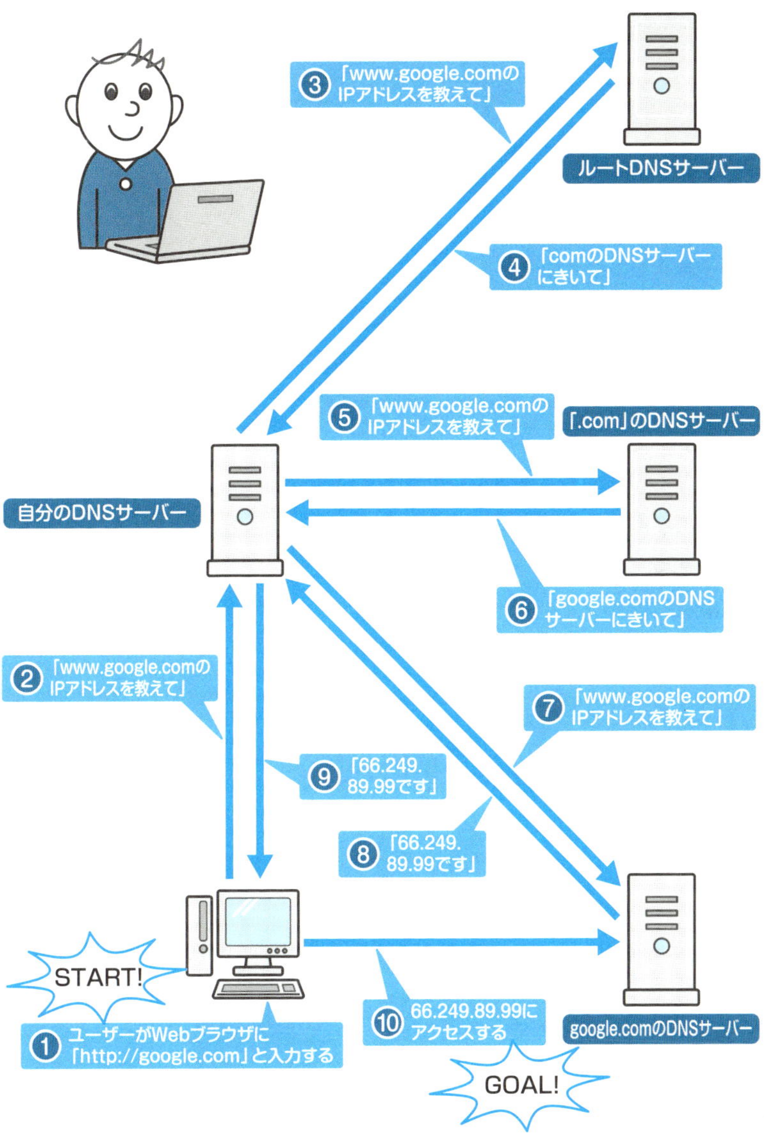
③「www.google.comのIPアドレスを教えて」
ルートDNSサーバー
④「comのDNSサーバーにきいて」
⑤「www.google.comのIPアドレスを教えて」
「.com」のDNSサーバー
自分のDNSサーバー
⑥「google.comのDNSサーバーにきいて」
②「www.google.comのIPアドレスを教えて」
⑦「www.google.comのIPアドレスを教えて」
⑨「66.249.89.99です」
⑧「66.249.89.99です」
START!
①ユーザーがWebブラウザに「http://google.com」と入力する
⑩66.249.89.99にアクセスする
google.comのDNSサーバー
GOAL!

21 メールサーバー

メールにはWebシステムと連動する役割も

メールのやりとりのために**メールサーバー**が設置されています。メールサーバーは常にメールを送受信できるように保たれているため、クライアントのユーザーは、任意のタイミングで、あるいは一定時間ごとに設定して、メールサーバーのメールボックスをチェックすればいいようになっています。

メールサーバーは受信用と送信用に分けられています。受信用のメールサーバーは、**POP(Post Office Protocol)サーバー**または**IMAP(Internet Message Access Protocol)サーバー**が使われています。送信用には**SMTP(Simple Mail Transfer Protocol)サーバー**が利用されます。一般に受信の場合は「POP.ドメイン名.JP」のようなサーバー名が、送信の場合は「SMTP.ドメイン名.JP」のようなサーバー名が使われます。

メールサーバーは、ドメイン名を持っている企業が構築して運用していることが多いので、自社のメールサーバーがある場合はそこにアクセスするよう設定します。また、家庭などでISP(プロバイダ)と契約してメールを利用している場合は、ISPのメールサーバーにアクセスするように設定します。

POPサーバーとIMAPサーバーではメールデータの管理方式が異なっています。POPではメーラーがサーバーのメールボックスのデータをダウンロードして、メーラーが管理するようになっていますが、IMAPサーバーでは基本的にメールのデータをサーバーに置いたまま管理します。メーラーはメール本体のデータをダウンロードしないで、識別情報だけを得て管理します。

お知らせやニュースの配信など、メールはWebページと連動して運用されることが多くなっています。とくに、会員登録やショッピングなど、認証を必要とするケースではメールは重要な確認手段となっています。

メールサーバーの仕組み

メールソフトとメールサーバーの関係

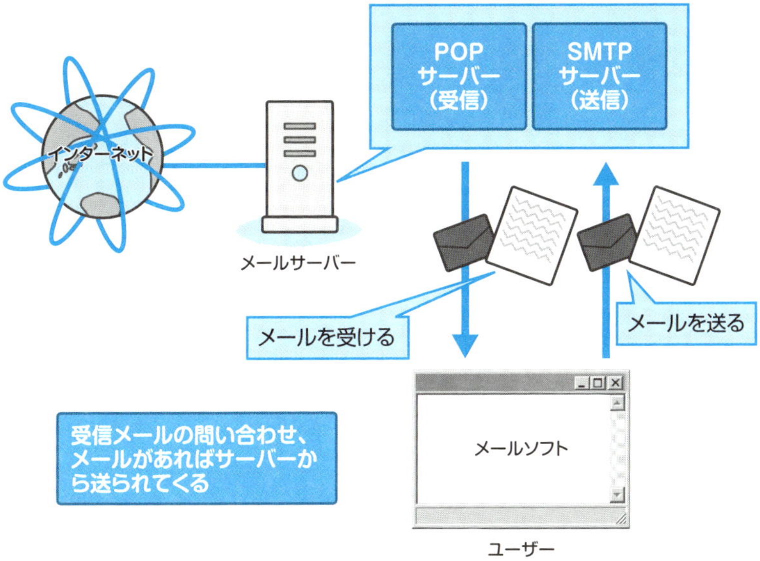
POP
サーバー
（受信）
SMTP
サーバー
（送信）
インターネット
メールサーバー
メールを受ける
メールを送る
受信メールの問い合わせ、メールがあればサーバーから送られてくる
メールソフト
ユーザー

Webサーバーとメールサーバーの連携の例

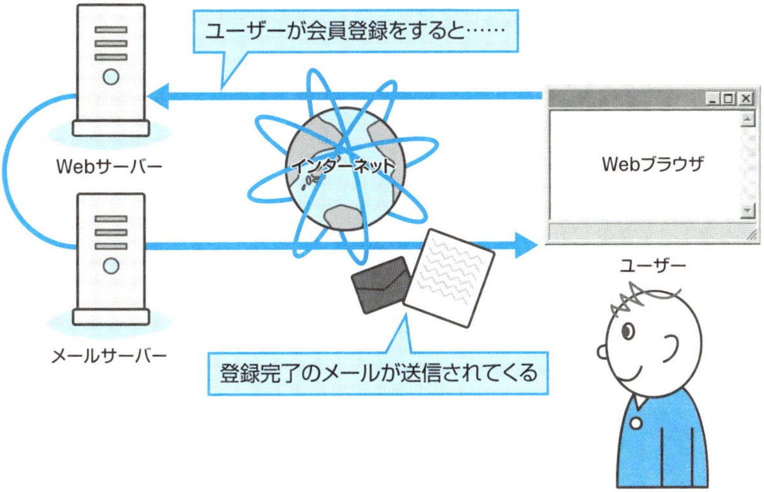
ユーザーが会員登録をすると……
Webサーバー
インターネット
Webブラウザ
ユーザー
メールサーバー
登録完了のメールが送信されてくる

22 FTPサーバー

Webブラウザは FTP クライアント機能を持っている

インターネットで古くからファイル転送のために利用されてきたプロトコルとして**FTP（File Transfer Protocol）**があります。もともとはサーバー間でファイル転送を行うことができる通信方式でしたが、現在は一般的にクライアントとサーバーの間でのファイル転送によく利用されています。

Webページのデータを Web サーバーへアップロードしたり、大きなサイズのファイルをクライアントコンピュータにダウンロードする場合にも利用されます。このファイル転送のサービスを提供するのが**FTPサーバー**です。Webサーバーにファイルをアップロードするために FTP を利用する場合は、Webサーバーと同じコンピュータに FTP サーバーが組み込まれていることもあります。

また、Webページからソフトウェアなどを不特定多数の人に配布する場合にも FTP が使われています。そのため、多くの Web ブラウザソフトは FTP のダウンロード機能を持っています。ダウンロードの場合は、とくに認証などを必要とせずに FTP の利用が可能になっている場合が多くなっています。

一方、アップロードの場合は、Web ブラウザではなく**FTPクライアントソフト**が必要になります。FTP でアップロード可能であることは、サーバーのファイルを変更したり、削除することが可能であることを意味します。FTP によるアップロードを行う場合は、ユーザーアカウントと一時的なパスワードの設定などを管理者が行ったうえで実行することになります。

FTP の通信は暗号化されていないため、常にセキュリティ上の課題が存在します。通常、Web で公開するデータなどは機密性の高いデータではないため、FTP によるファイル転送はあまり問題になりません。FTP のアップロードは Web ページのデータなど、機密性の低いデータに限るようにし、不用意にファイル転送に使わないようにしましょう。

FTPとは何か

FTPでWebのデータをアップロードする

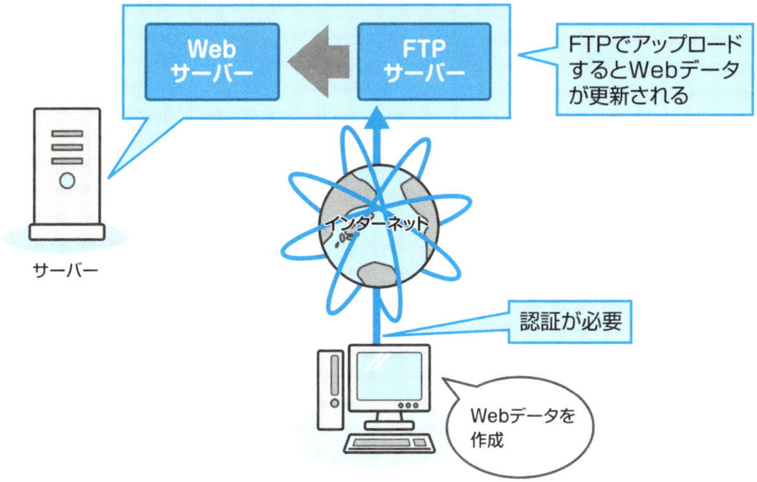
Web
サーバー
FTP
サーバー
FTPでアップロードするとWebデータが更新される
サーバー
インターネット
認証が必要
Webデータを作成

FTPでソフトウェアやデータを配布する

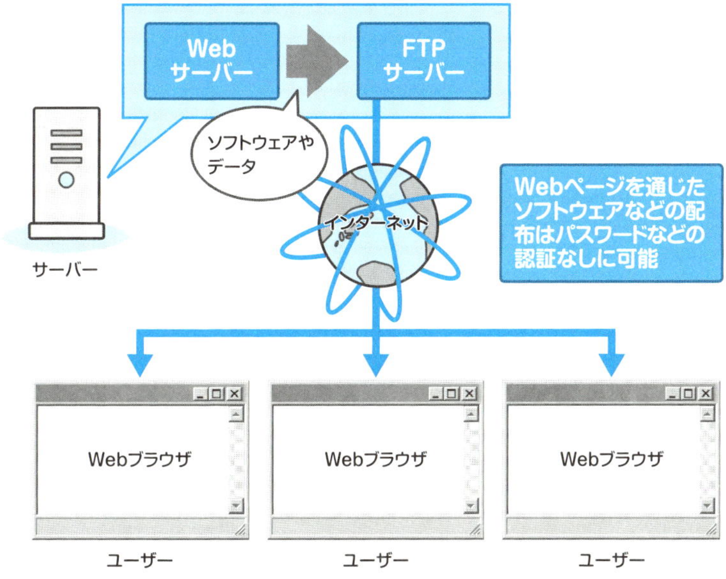
Web
サーバー
FTP
サーバー
ソフトウェアやデータ
サーバー
インターネット
Webページを通じたソフトウェアなどの配布はパスワードなどの認証なしに可能
Webブラウザ
Webブラウザ
Webブラウザ
ユーザー
ユーザー
ユーザー

COLUMN

HTML5とリッチインターネットアプリケーション(RIA)

HTML5は、現在W3Cで策定が進められている新しいバージョンのHTMLです。2008年のはじめに草案が発表され、2014年に正式な勧告が行われる予定です。HTML4以来、十数年ぶりの大幅な改定になります。

audio要素やvideo要素が取り入れられるなど、マルチメディア対応の仕様が加わります。とくに、現在Webで動画やユーザーとの双方向的な機能を実現しているリッチインターネットアプリケーション(RIA)のプラットフォームであるAdobe Flash、Silverlight、JavaFXなどとの関係において注目を集めています。これらの技術は、開発者が自由に利用できる場合もありますが、それぞれベンダーによって提供される技術であるため、さまざまな制約もあります。HTML5では、現在使われているベンダーが提供しているRIAプラットフォームと同様の機能を提供して、オープンな状態で利用可能にすることを目的としているといわれています。

前述したように、HTML5が勧告になるのは2014年ですが、2008年にドラフト(草案)が公表されていて、すでに新しいブラウザに取り入れられている部分もあります。ブラウザの対応状況やRIAをめぐるベンダーの動きなど、今後注目されるところです。

chapter

2

HTMLとCSSの仕組みを知ろう

Webページは、文章や写真、図版などさまざまな要素で構成されています。そのような表示を可能にしているのはHTMLとCSSで、文書構造と表示の基本ルールになっています。

story

先輩！ Webショップのページって、いろいろなものから成り立っていますよね。写真や文章が商品ごとにあるし、ユーザーからのコメント欄とか、キャンペーンページなんかも……。あれを管理するのはすごく大変なことじゃないんですか？

そうね。ビジネスだから大変といえば大変なんだけど、実はスタッフ用に商品登録ページがあったり、管理用のフォームがあるからそれぞれの持ち場でちゃんと仕事をしていれば、うまく回るようになっているの。ユーザーがコメントを入れるときのために、フォームが用意されていることは知っているでしょ？

はい、質問や商品評価のフォームってありますね。

そうなの。そうしたフォームのスタッフ専用版があって、Webページの内容はそこで登録できるのよ。登録された商品などは、データベースに収められて、ユーザーからの要求に応じてWebページのデータとして呼び出されるわけ。

なんだ、ちゃんとそういうシステムがあるんだ。それなら、あまり仕組みとか知らなくても大丈夫かな。

なーんて、油断したらだめよ。そういったシステムも含めて、企画したり、管理するのが仕事なんだから。Webページの基本になっているHTMLやCSSについて、おおよそのことは知っておいたほうがいいと思うわよ。

あー、苦手だなそういうの！ だいたい、なんでHTMLとかCSSとか、いくつも使わなくてはWebページを制作できないんですか？ HTMLだけじゃダメなんですか！？

Webでもはじめは、HTMLだけでページを作っていたの。でも、だんだんデザインをきれいにして、読みやすいWebページを作る必要が出てきたり、Webページを制作する側でも管理しやすいHTML文書が要求されるようになって、CSSを使うようになったわけ。それに、HTMLとCSSだけじゃないわよ。XHMTLというものあるし、XMLについても少しは知っておかなきゃね。基本は、文書の構造をHTMLで記述して、CSSでデザイン的な表示を記述するということなの。
今日は、HTMLやCSSを使って、Webページを作るときのことを少し具体的に話すわね。タグの書き方とか、文書の構造のことも出てくるけど、そんなに込み入った話はしないから、安心して聞いていてね。それに、少しでもHTMLのタグを書いてみて、実際にブラウザで表示させてみると、意外に楽しいものなのよ。

本当ですか？ 楽しいだなんて……。

本当だって！ ほら、ノートPCの「メモ帳」を立ち上げて、こうして数行書いて、「test.html」って名前で保存したら、ファイルをブラウザの上にドラッグしてみて。

本当だ！ これは、楽しいかもしれない。

でしょ？ こういうことは、手を動かしてやってみないとわからない部分があるの。頭の中だけじゃ理解できないものなのよ。

1 HTML、XHTML、CSS

Webの発達とともに厳密さが求められてきたHTML

HTMLはWebの草創期以来、長い間Webページを作成するために利用されてきました。しかし、Webの利用が広がって高度な機能が要求されるようになってくると、HTMLのあいまいさなどが問題視されるようになってきました。ルールがある程度ルーズであることは、使いやすい面もありましたが、Webの利用形態が高度化してくると、より高い厳密性が求められるようになりました。

そこで、登場したのが**XHTML**です。XHTMLはXMLというマークアップ言語作成のための汎用的な決まりに沿ってHTMLを定義し直したものです。HTMLもXMLも**SGML（Standard Generalized Markup Language）**というマークアップ言語に基づいて作られたものです。SGMLは軍事や学術の分野で大量の文書を長期にわたって利用するために厳密なルールを設けていました。

そのマークアップ言語としての特徴をWeb利用に展開したのがHTMLであり、SGMLに新しい考え方を加えて、拡張性と厳密性を併せ持つかたちにしたのがXMLです。XMLはそのルールに沿っていれば、用途に応じてタグを定義して新しいマークアップ言語を作ることができるようになっています。HTMLをWeb用のXMLとして定義したのがXHTMLだといえます。

また、**CSS**もWebページを構成する重要な要素になっています。CSSとは、HTMLやXHTMLで定義された文書をどのように表示するかを定めた仕様です。CSSが指示する表示とは、フォントの種類や大きさ、配置、色などのことを意味しています。文書の構造はXHTMLで、ページの表示（デザイン）はCSSでというのがWeb制作の基本です。

では、HTMLは古くてもうだめなのかというと、そうでもありません。近々**HTML5**が策定される予定ですし、Webブラウザも対応をはじめています。HTMLはこれらかも使い続けられるでしょう。

マークアップ言語の変遷

SGML、XML、HTML、XHTMLの関係

SGML

Standard Generalized Markup Language

1986年

電子化された文書を作るための仕様を記述したマークアップ言語。軍用調達品、航空機などのマニュアルに利用された

↓ SGMLをベースに改良 → XML

↓ SGMLをベースにWeb用に応用 → HTML

XML

Extensible Markup Language

XML 1.0 1998年

インターネットで利用されるさまざまな技術がXMLから派生している

HTML

HyperText Markup Language

HTML 1.0 1993年

HTML 3.2 1997年

Webページの記述言語としてWebの発展を支えてきた

HTML 4.01 1998年

↓ HTML 4.01をベースにXMLを適用

XHTML

Extensible HyperText Markup Language

XHTML 1.0 2000年

chapter 2

2

バージョンが異なると機能も違う

HTMLの変遷

Webの約束事の基本はHTML

HTMLは文書の構造を定義するタグの体系によってWebページを記述できるようになっています。WebブラウザはHTMLを解釈してWebページの作成者の意図に沿った表示ができるように作られています。Webブラウザの機能はインターネットの初期においてばらつきがありました。あるWebブラウザでうまく表示できるものが、ほかのWebブラウザでは表示が崩れてしまうということも少なくありませんでした。初期の段階ではHTMLの機能が限られていたこともあり、Webブラウザが独自に取り入れた仕様があったためです。

W3Cは、標準化団体としてHTMLの機能を高め、その仕様をまとめる役割を担っています。1997年の**HTML 3.2**からW3C勧告として仕様が発表されるようになり、その後は作業部会で仕様を検討し、それが定まった段階で「勧告」というかたちで公表しています。

1997年12月には、**HTML 4.0**がW3C勧告として発表されています。そのHTML 4.0を修正した**HTML 4.01**は1999年12月にW3Cの勧告になっており、これが現在、HTMLとして広く利用されているバージョンです。また、HTML 4.01はXHTMLを策定するときのベースともなっています。

SGMLから派生したXMLもW3Cによって制定されています。HTMLをXMLの仕様に基づいて定義し直した**XHTML 1.0**が2000年1月にW3Cの勧告になりました。現在、HTML5が大きな修正を取り込んだバージョンとして策定作業が進んでおり、2012年にW3C勧告となる予定です。**HTML5**ではマルチメディアへの対応が予定されるなど、Webページの機能はより多様なものになりそうです。

HTMLなどのバージョンは「標準」をどこに置いているかを表していますから、Web制作にとって大切な要素です。

HTMLとは何か

HTMLの変遷

HTML 1.0
1993年6月、IETF (The Internet Engineering Task Force) が提出したインターネットドラフトがHTML 1.0とされる。

↓

HTML 3.2
1997年1月、W3C勧告となった。

↓

HTML 4.0、HTML 4.01
1997年12月、W3C勧告としてHTML 4.0が公表された。HTML 4.0に修正が加えられたHTML 4.01は1999年12月にW3C勧告となった。

↓

HTML5 (策定中)
マルチメディアのためのaudio要素やvideo要素、またブログなどのためのarticle要素などが追加される予定。2012年にW3Cの勧告となる予定。

Web技術とWebブラウザの関係

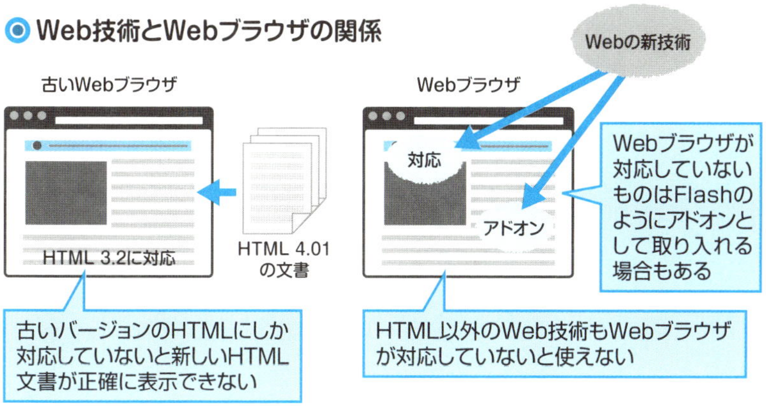
Webの新技術
古いWebブラウザ
HTML 3.2に対応
HTML 4.01
の文書
Webブラウザ
対応
アドオン
Webブラウザが
対応していない
ものはFlashの
ようにアドオンと
して取り入れる
場合もある
古いバージョンのHTMLにしか
対応していないと新しいHTML
文書が正確に表示できない
HTML以外のWeb技術もWebブラウザ
が対応していないと使えない

chapter 2

3 Web標準とは

Web標準は制作者にもユーザーにも利点がある

Webページの制作は**Web標準**に従って行うことが主流になっています。Web標準とは、W3Cが勧告しているHTMLやXHTML、CSSの仕様に沿ってWebページを作ることを意味します。それには、Web標準ではないものも使われてきたという実態があります。

1990年代の後半、インターネットの普及期において、Microsoftの**Internet Explorer（インターネット・エクスプローラー）**と**ネットスケープのNetscape Navigator（ネットスケープ・ナビゲーター）**が熾烈な争いを繰り広げました（第一次ブラウザ戦争と呼ばれます）。相手を上回る機能を盛り込むために、WebブラウザがHTMLを独自に拡張することもありました。制作者も、特定のWebブラウザでしかうまく表示できないWebページを作ってしまうことも少なくありませんでした。

手軽にWebページの制作を可能にするオーサリングツールの中にも、見かけを優先するために、HTMLのソースコードとしては疑問の多いデータを作ってしまうものがありました。この時期は、標準の策定とソフトウェアツールの仕様がかみ合っていない混迷期であったと考えることができます。2000年代に入るとW3Cの活動への評価も定まり、Web標準に合わせていこうという流れが出てきました。

Web標準を採用することで、Webを作る側にも見る側にもプラスになることがたくさんあります。主な利点として次のようなことがあげられます。

・使いやすく、アクセシビリティに優れている
・制作者がメンテナンスしやすい
・検索エンジンが認識しやすい

Web標準を採用しない場合と採用する場合

Web標準が独自に拡張されてしまうと……

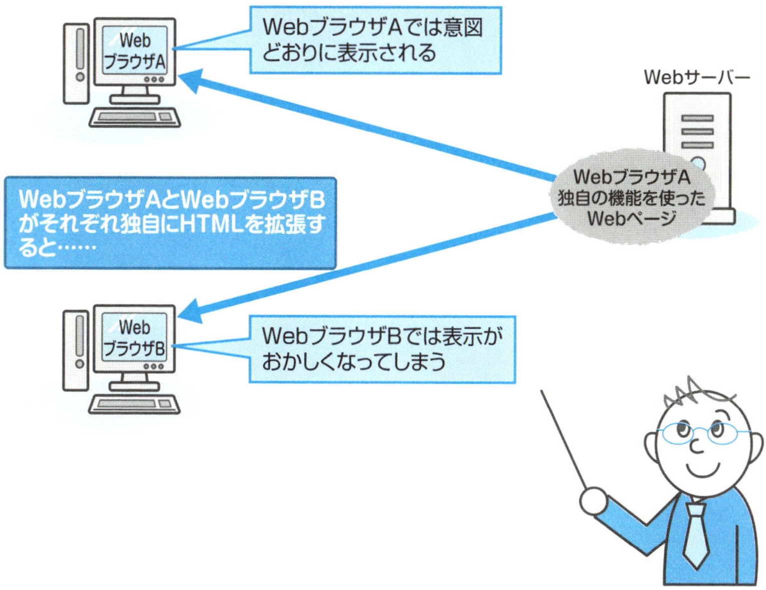
Web
ブラウザA
WebブラウザAでは意図
どおりに表示される
Webサーバー
WebブラウザA
独自の機能を使った
Webページ
WebブラウザAとWebブラウザB
がそれぞれ独自にHTMLを拡張す
ると……
Web
ブラウザB
WebブラウザBでは表示が
おかしくなってしまう

Webページの作成者もWebブラウザの開発者もWeb標準を参照する

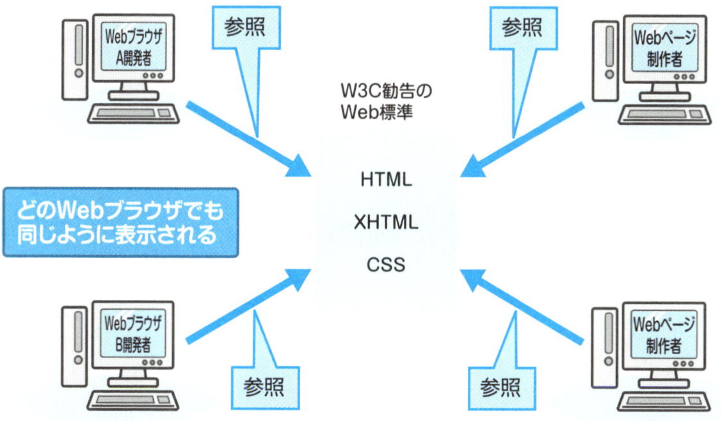
Webブラウザ
A開発者
参照
参照
Webページ
制作者
W3C勧告の
Web標準
HTML
XHTML
CSS
どのWebブラウザでも
同じように表示される
Webブラウザ
B開発者
参照
参照
Webページ
制作者

chapter 2 HTMLの基本とは

4 HTML文書の記述方法とは

開始タグではじまり終了タグで閉じる

HTML文書は、**タグ**を使って作ります。たとえば、<body>という本文部分であることを意味する開始タグではじまれば、</body>という終了タグで終わります。タグは「<～>」で囲まれ、終了タグには「/」がつきます。開始タグと終了タグは基本的に対(つい)になります。

「**<body>文章</body>**」というタグで囲まれた単位を**要素**と呼びます。HTMLで操作したい対象の文字列(文章など)をタグで囲んだものが要素です。また、タグにはリンクや色、サイズなどの属性を指定し、要素に対応させることができます。

HTMLでは、タグの英字は大文字でも小文字でも問題ありませんが、XHTMLでは小文字に限られるため、HTMLでも小文字を使うことが推奨されています。タグを使って定義した文書を「xxx.html」というファイル名で保存したものがHTMLファイルで、Webブラウザはそれを読み込んでHTMLを解釈して表示します。

HTMLを正しく理解するにはタグの機能をそれぞれ覚える前に、HTML文書の基本構造を理解しておく必要があります。

HTML文書は、**文書型宣言(DOCTYPE宣言)**、**html要素**、**head要素**、**body要素**などによって構成されます。文書型宣言は、HTML文書の最初に書き、HTML文書のバージョンやタイプを記述します。バージョンやタイプといっても、実際に記述できる内容は限られています。

html要素は、実際のHTML文書のはじまりと終わりを表し、head要素やbody要素がその中に含まれます。head要素は、文書のタイトルなど基本情報を記述する部分です。ウィンドウのタイトルバーに表示される題名などを記述します。body要素は、表示する本文の部分にあたります。

HTML文書はどんなふうにできているのか

HTML文書の構造

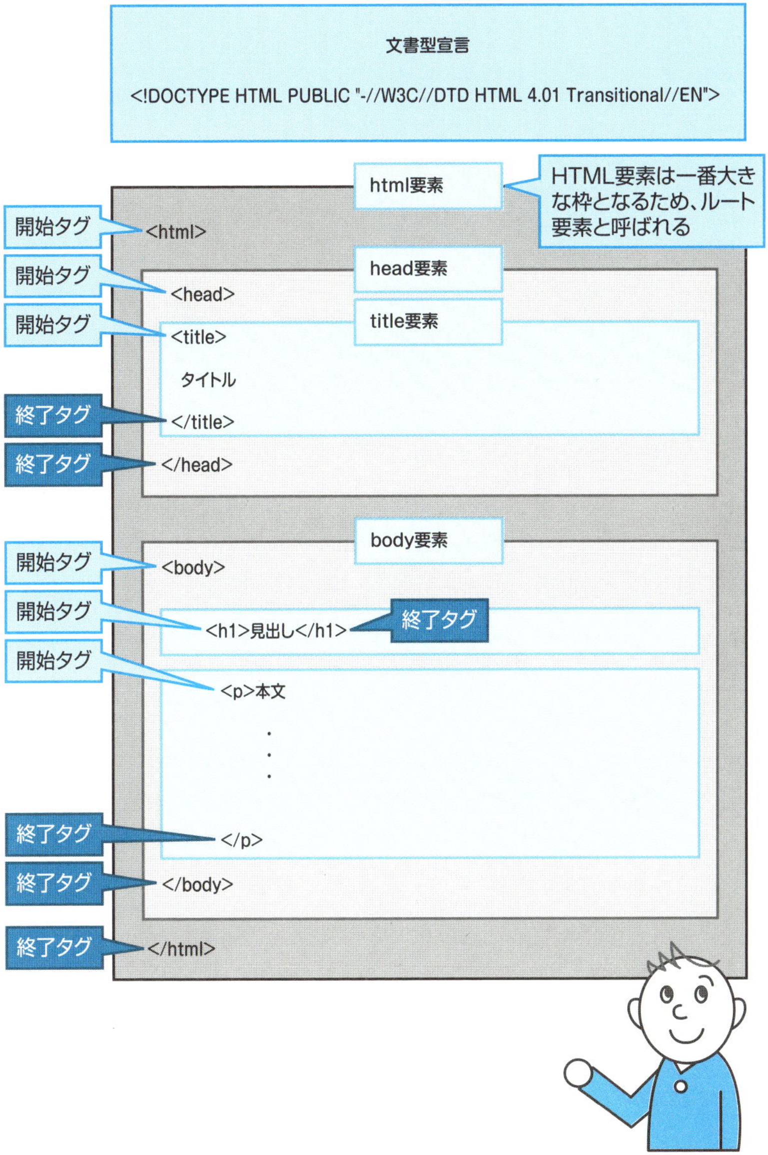

文書型宣言
<!DOCTYPE HTML PUBLIC "-//W3C//DTD HTML 4.01 Transitional//EN">
html要素
HTML要素は一番大きな枠となるため、ルート要素と呼ばれる
開始タグ
<html>
head要素
開始タグ
<head>
title要素
開始タグ
<title>
タイトル
終了タグ
</title>
終了タグ
</head>
body要素
開始タグ
<body>
開始タグ
<h1>見出し</h1>
終了タグ
開始タグ
<p>本文
終了タグ
</p>
終了タグ
</body>
終了タグ
</html>

chapter 2 文書型宣言と入れ子構造

5 HTMLの構成

上位要素の中に下位要素が含まれる

HTML文書は、定まった構造を持っています。最初に記述されるのが文書型宣言です。ここには、HTMLのバージョン情報などを記述して、どのようなHTML文書なのかを明らかにします。文書型宣言は、「**<!DOCTYPE HTML PUBLIC "-//W3C//DTD HTML 4.01 Transitional//EN">**」というように書きます。これは、決まっている内容で、そのとおりに記述します。HTML 4.01の場合は、推奨タグのみを使う「Strict」、非推奨タグや属性を利用する「Transitional」、フレームを利用する場合に使う「Frameset」の3つの型にDTDの参照先を記述したかたちと省略形があり、全部で6種類あります。

「DOCTYPE」は大文字と決まっています。「HTML」は文書がHTMLであることを、「PUBLIC」は仕様が公開されていることを表します。「W3C」はこのバージョンのHTMLを策定した機関名、「DTD」とは、Document Type Definitionの省略形であり、文書型定義を意味し、HTMLの仕様を表します。「EN」はDTDが書かれている言語で、この場合は英語を表します。

HTML文書で、文書型宣言は特別な位置を占めるものですが、それ以下の要素は入れ子構造になります。実質的なHTML文書は、html要素が文書全体の単位となり、ルート要素と呼ばれます。その中に、次の大きな要素であるhead要素とbody要素を持ちます。

さらに、head要素の中にはtitle要素が含まれ、body要素の中には段落（paragraph）を構成するp要素などが入ります。「**<html><head>～</head><body>～</body></html>**」というかたちが入れ子構造です。

タグには順位があり、上位要素の中に下位要素が含まれます。下位要素が上位要素を含むことはありません。上位の要素の中で、包含される要素は完結している必要があります。たとえば、html要素の中でbody要素は<body>ではじまり</body>で終了していなければなりません。

HTML 4.01の文書型宣言と構造

6種類ある文書型宣言

・「Strict」は推奨タグのみを使う

［省略形］
```
<!DOCTYPE HTML PUBLIC "-//W3C//DTD HTML 4.01 Strict //EN">
```

［DTDを参照する形］
```
<!DOCTYPE HTML PUBLIC "-//W3C//DTD HTML 4.01 Strict //EN"
"http://www.w3.org/TR/html4/strict.dtd">
```

・「Transitional」は非推奨タグや属性も利用する

［省略形］
```
<!DOCTYPE HTML PUBLIC "-//W3C//DTD HTML 4.01 Transitional//EN">
```

［DTDを参照する形］
```
<!DOCTYPE HTML PUBLIC "-//W3C//DTD HTML 4.01 Transitional//EN"
"http://www.w3.org/TR/html4/loose.dtd">
```

※DTDが「transitional.dtd」ではないことに注意。「loose.dtd」と決まっているので、このとおりに記述してください

・「Frameset」はフレームを使用する場合

［省略形］
```
<!DOCTYPE HTML PUBLIC "-//W3C//DTD HTML 4.01 Frameset//EN">
```

［DTDを参照する形］
```
<!DOCTYPE HTML PUBLIC "-//W3C//DTD HTML 4.01 Frameset//EN"
"http://www.w3.org/TR/html4/frameset.dtd">
```

HTML文書の要素は入れ子構造になっている

```
<html>
  <head>
    ~
  </head>
  <body>
    ~
  </body>
</html>
```

chapter 2 ルールを厳しくしたXHTML

6 XHTML文書

XML宣言とXML名前空間の記述がある

XHTMLは、XMLによってHTMLを定義し直したものです。XHTML文書は、構造上の特徴として、文書型宣言の前にXML宣言が記述されます。そこにXMLのバージョンと、使われる文字コードが書かれています。

<?xml version="1.0" encoding="Shift_JIS"?>

バージョン属性は「1.0」です。これはXHTML 1.1の場合でも変わりません。文字コード属性はUTF-8やUTF-16が標準です。

文書型宣言は、HTMLの文書型宣言と同様の書式になりますが、DTDは「XHTML 1.0」になります。XHTMLでは、タグなどは小文字で記述する決まりになっていますが、文書型宣言は例外的に大文字で書く部分があります。

html要素が一番上位の要素（ルート要素）であり、次のように、html要素にxmlns属性を使ってXML名前空間を記述します。

<html xmlns="http://www.w3.org/1999/xhtml"

xml:lang="ja" lang="ja">

XML名前空間とは、XMLの役割を反映させた決まりです。XMLは、マークアップ言語（タグセット）を作るための決まりを定義したものです。そのため、XMLに従って設計されたあるマークアップ言語のタグ名と、別のマークアップ言語のタグ名がぶつかってしまう可能性があります。それを解決するために、XML名前空間を設けて、ユニークなURLを割り当てて、マークアップ言語（タグセット）を厳密に区別することになっています。それによって、SVG（78ページ参照）などほかのXML文書をXHTMLの中に記述することができるようになります。

XHTMLでも、文書型宣言で「Strict」「Transitional」「Frameset」の3種類を指定できます。これは、HTML 4.01から受け継いだもので、XHTML 1.1では「Strict」だけが有効になります。「Transitional」「Frameset」は、移行期の暫定的な記法ということになります。

XML宣言とXML名前空間

XHTMLの構造

XML宣言

```
<?xml version="1.0" encoding="Shift_JIS"?>
```

文書型宣言

```
<!DOCTYPE html PUBLIC "-//W3C//DTD XHTML 1.0 Transitional//EN"
"http://www.w3.org/TR/xhtml1/DTD/xhtml1-transitional.dtd">
```

文書本体のはじめの部分

```
<html xmlns="http://www.w3.org/1999/xhtml"
xml:lang="ja" lang="ja">
```

XML宣言

```
<?xml version="1.0" encoding="Shift_JIS"?>
```

常に「1.0」

ここに文字コードを記述する
UTF-8／UTF-16／EUC-JP／ISO-2022-JP ／ Shift-JIS

html要素にxmlns（XML名前空間）を記述する

```
<html xmlns="http://www.w3.org/1999/xhtml" xml:lang="ja" lang="ja">
```

html要素は一番大きな枠となるため、ルート要素と呼ばれる

xmlns属性でXML名前空間を記述する

この記述でXMLで定義されたマークアップ言語を区別する

ここでは言語を指定する。「ja」は日本語を表す

※なるべく多くのWebブラウザで動くようにxml:lang属性とlang属性を記述しておく

XHTMLの文書型宣言

・strictの場合

```
<!DOCTYPE html PUBLIC "-//W3C//DTD XHTML 1.0 Strict//EN"
"http://www.w3.org/TR/xhtml1/DTD/xhtml1-strict.dtd">
```

・Transitionalの場合

```
<!DOCTYPE html PUBLIC "-//W3C//DTD XHTML 1.0 Transitional//EN"
"http://www.w3.org/TR/xhtml1/DTD/xhtml1-transitional.dtd">
```

・Framesetの場合

```
<!DOCTYPE html PUBLIC "-//W3C//DTD XHTML 1.0 Frameset//EN"
"http://www.w3.org/TR/xhtml1/DTD/xhtml1-frameset.dtd">
```

7 XHTMLの記述

文書は整形式でなければならない

現在、多くのWebページはHTML 4.01またはXHTML 1.0で記述されています。XHTML 1.0は、HTML 4.01をXMLとして再定義したもので、多くをHTML 4.01から受け継いでいます。Web標準としてXHTMLの使用が推奨されていますが、HTML 5.0の策定も進められ、マルチメディア対応要素の追加などによって、期待が寄せられる存在となっています。

今後、HTMLも**DTD（文書型定義）**に準拠する方向を強めつつ、XHTMLとともに使われていくことになります。その場合、XHTMLを使う場合も、HTMLを使う場合も、互換性のある記法によって文書を書いておくことも重要なことです。HTMLとXHTMLが互換性のあるかたちにするためには、次のようなXHTMLの主な原則を知っておく必要があります。

- 文書は形式が整えられていなければならない（木構造、入れ子構造の整合性があるなど、これを「整形式」という）
- タグは小文字で記述する
- 終了タグを省略しない
- 空要素のタグは/>で閉じる（例：
）
- 属性の値は必ず引用符で囲む
- 属性の記述は省略してはならない
- ファイル内の位置を示すときはid属性を併記する

HTMLでは許容されることもある終了タグの省略などが禁止されるなど、ルールが厳格化します。上記のほかにも、「&」は必ず「&」と記述するなど、細かい決まりもあります。いずれにしても、HTMLとXHTMLともに互換性のあるWebページを制作しておくことは、可読性やメンテナンス、検索対策、アクセシビリティなどあらゆる点でメリットがあります。

XHTMLは整形式で記述する

木構造

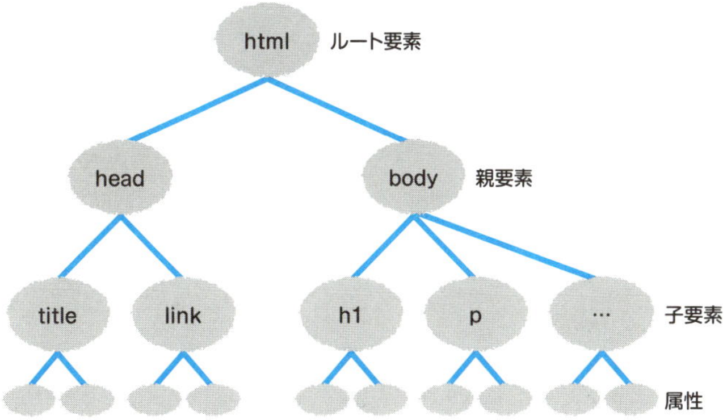
html
ルート要素
head
body
親要素
title
link
h1
p
…
子要素
属性

整合性のある入れ子構造の例

整合性がない入れ子構造

<title>
<head>
</head>
</title>

XHTMLではhead要素の中に必ずtitle要素を1つ入れなくてはいけないので、これは整合性がない

整合性がある入れ子構造

<head>
<title>タイトル</title>
</head>

chapter 2 コンピュータに情報の意味を認識させる

8 XMLとは

さまざまなマークアップ言語などがXML技術で開発

1998年にW3CによりXML 1.0が勧告になり、その重要性が叫ばれるようになってから10年以上が経過しました。その間にインターネットとWebは飛躍的な発展を遂げ、**XML**はその中で、基盤技術として大きくすそ野を広げています。

XMLに沿ってXHTMLが策定されただけでなく、XML Webサービスのように Webの利用形態を改革する力になっています。また、MicrosoftのOfficeアプリケーションがデータ形式としてXML形式のOffice Open XMLを採用するなど、データの記述形式として普及しています。

このように広くXMLが利用されるのは、XMLがデータの意味を記述して、コンピュータ同士でデータをやりとりし、再利用することを可能にするためです。人間が直接関わることなく、データの配布や収集、加工がオートメーションでできるようになりました。

XMLはマークアップ言語を作成するための仕様を記述したものであり、XMLに沿って策定された言語をXMLと呼ぶこともあります。XHTMLのほかに、XMLを基準にして定義された多くの言語があり、その一部には次のようなものがあります。

- **MathML**：数式を記述するためのマークアップ言語
- **RSS**：ブログやニュースサイトの更新情報をまとめて配信しリンクするためのマークアップ言語
- **XBRL**：財務諸表を記述するためのマークアップ言語
- **SVG**：ベクターグラフィックを記述するための言語
- **SOAP**：プログラム同士がメッセージを交換するためのプロトコル
- **NewsML**：ニュース記事などを分類、配信するためのマークアップ言語
- **MusicXML**：楽譜を表記するためのマークアップ言語

広がるXMLの世界

XMLの技術はWebで広く活用されている

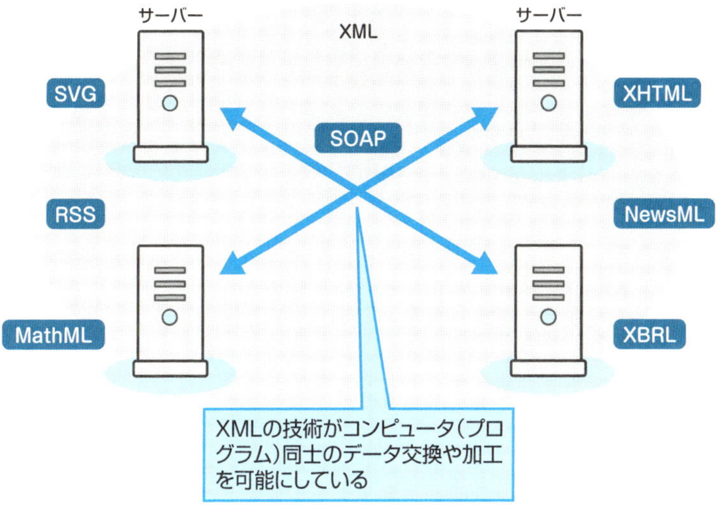
サーバー
サーバー
XML
SVG
XHTML
SOAP
RSS
NewsML
MathML
XBRL
XMLの技術がコンピュータ(プログラム)同士のデータ交換や加工を可能にしている

ソースを見るとXMLであることがわかる

XHTMLのソースの例

XML宣言、html要素でxmlnsが記述されるなど、XMLの要件が揃っている

```
<?xml version="1.0" encoding="utf-8"?>
<!DOCTYPE html PUBLIC "-//W3C//DTD XHTML 1.0 Transitional//EN"
"http://www.w3.org/TR/xhtml1/DTD/xhtml1-transitional.dtd">
<html xmlns="http://www.w3.org/1999/xhtml" xml:lang="ja" lang="ja">
```

RSSのソースの例

たとえば、asahi.comの更新情報をまとめたRSSフィードを開いてソースを表示するとXML宣言やxmlnsが記述されている

```
<?xml version="1.0" encoding="utf-8"?>
<rss version="2.0" xmlns:atom="http://www.w3.org/2005/Atom"
xmlns:cf="http://www.microsoft.com/schemas/rss/core/2005">
```

chapter 2 Webのソースは他人が見てもわかるようにする

9 コメントの使い方

タグを一時的に処理させない使い方もある

HTML文書の中に、どういう意図でそのような処理をしたかを記述しておくと、ソースを更新するときや、ほかの人がソースを見るときに役立つ情報になります。そのような記述は、Webブラウザに表示させないように**コメント**として宣言しておきます。「**<!-- コメント -->**」のように、「<!--」ではじまり、「コメント」の部分に説明などを記述し、「-->」で終了します。

このように、ソースコードの中にコメントを書き込むことは、ソフトウェア開発において、プログラムの可読性を高めるために一般的に行われています。ただ、コメントを指定する文字列は、利用しているタグセットやプログラム言語によって異なります。

コメントの使い方は、もともとソースの説明などが目的なのですが、コメントとして指定された部分は、Webブラウザが処理をしないことを利用して、ソースの中の一部のタグを無効にしたいときにも利用できます。そのような、使い方を**コメントアウト**と呼びます。

コメントアウトは、機能していたタグを一時的に無効にしたいときなどに使うことができます。たとえば、コンテンツの内容に対して確認が必要になった場合など、そこを一時的にコメントアウトしておき、確認後にコメントアウトを外すようにすれば、わざわざ消去して書き戻すという作業を省くことができます。

コメントは、CSSでも使うことができますが、記述方法が異なります。CSSでは、「/*」ではじまり「*/」で終了します。「**/* コメント */**」というかたちになります。また、JavaScriptでは、「//」の後の1行がコメントとして扱われます。終了の記述は必要ありません。コメントが数行にわたる場合は、CSSと同じで、開始に「/*」を終了に「*/」を使います。

HTML、CSS、JavaScriptのコメントの記述方法

HTMLのコメント

コメント

このように「<!--」と「-->」で囲まれたテキストはWebブラウザに表示されない

```
<!--
これは記述内容を説明したコメントです
-->
```

コメントアウトの例

このように「<!--」と「-->」で囲んでおくと、本来は有効なタグであっても処理も表示もされない

```
<body>
<p>サンプル</p>
<!--
<p>
本文
</p>
-->
</body>
```

（<p>～</p>）この部分がコメントアウトされる

CSSのコメント

```
h1{color:#ff0000}/*見出しの色は赤です*/
```

（/*見出しの色は赤です*/）この部分がコメントになる

JavaScriptのコメント

```
//コメントです

/*
この行はコメントです
-----サンプル-----
*/
```

（//コメントです）1行の場合

（/* ～ */）複数行になる場合

chapter 2 リンクの指定にはさまざまな方法がある

10 リンクの使い方

同じページ内には名前をつけてジャンプする

HTMLでリンク先を指定する場合は、a要素（アンカー）を使います。ハイパーテキストのハイパーリンクという、Webページを特徴づける機能はa要素で実現されています。

メニューからほかのページへジャンプする、コンテンツの特定の場所にジャンプする、別のサイトのWebページへリンクする、などといったさまざまなリンクをa要素で指定できます。a要素には、さまざまな属性がありますが、「href」という属性が頻繁に使われます。たとえば、ほかのWebページへリンクするには次のように記述します。

<a href="sample.html">同じフォルダのHTMLファイルにリンク</a>

「"」で囲った部分にリンク先のファイル名を記述します。同じサイトの別フォルダを指定する、また、HTMLファイル内の特定の場所に名前をつけてそこにジャンプすることもできます。別のWebサイトを指定するときには、「"」で囲った部分に、「**http://www.xxx.xxx/index.html**」というようにURLをフルに記述します。

HTMLファイル内の特定の位置に名前をつけてリンク先とする場合も、a要素を使うことができます。「**<a name="abc">リンク先</a>**」のように記述して「abc」という名前をつけます。名前をつけた場所にジャンプするには、「<a href="#abc">リンク先</a>」として、名前の前に「#」をつけます。しかし、リンク先の指定にはid属性を使うのが一般的です。

「**<p id="123">ここがリンク先</p>**」というかたちで場所を特定します。この場合、id属性（104ページ参照）はp要素や見出しを指定するh1～h6要素の属性として記述します。そうすることで、見出しや本文と関連して、リンク先に名前づけができ、a要素による名前づけのように1行を費やすことがありません。

さまざまなリンクの指定方法

a要素(アンカー)を使ってリンク先を指定する方法は5つある

同じフォルダの別のHTMLファイルにリンク

```
<a href="sample.html">同じフォルダのHTMLファイルにリンク</a>
```

同じ階層の別フォルダにあるHTMLファイルにリンク

```
<a href="aaa/sample.html">aaaフォルダのHTMLファイルにリンク</a>
```

フォルダ名を示す

1つ上の階層にあるHTMLファイルにリンク

```
<a href="../sample.html">1つ上の階層にあるHTMLファイルにリンク</a>
```

「..」は1つ上の階層を示す

別サイトのHTMLファイルにリンク

```
<a href="http://www.xxx.xxx/index.html">別のサイトのHTMLファイルにリンク</a>
```

同じ文書の名前をつけた場所にリンクする

```
<body>
<p>
本文
</p>
<a href="#abc">リンク先</a>      ←「abc」という名前へジャンプする
<p>
本文
</p>
<p id="abc">ここがリンク先</p>   ←p要素のid属性で名前づけをした
</body>
```

chapter 2 最適化されたリンクとは

11 リンク構造と検索エンジン

ハイパーリンクにより文書を関連づける

ハイパーテキストは、従来の書籍のような順序立てた文書に対して、項目を関係づけてすぐにジャンプできるような「超テキスト」を標榜して形づくられたものです。「超テキスト」なら人間の思考に合わせてフレキシブルに文書を読むことができ、理解を深めることができるというのが基本コンセプトです。そのため、リンク（関係づけ）とジャンプが重要視されます。

しかし、内容をしっかり理解して関連項目に適切なリンクを張ることは簡単ではありません。むやみに関連づけを増やしてしまうと、知識が断片化され総合的な理解を妨げる場合さえあります。情報を総合的に整理することがハイパーテキストの制作者に求められます。

リンクのつけ方は内容的な問題だけでなく、検索エンジン対策という面からも最適化が求められています。いまや、検索エンジンに情報を取り込むクローラ（検索ロボット）にWebサイトの情報を認識されやすくすることが企業Webサイトの大きな課題になっています。

たとえば、トップページからのリンクが各ページへの主なリンクとなっている場合、検索エンジンからはトップページ以外は認識されにくいといわれています。関連するページが相互にリンクするよう、リンク構造の最適化を行うことが、検索エンジンに認識されやすく、検索結果に表示されやすいWebサイトの構築につながります。

検索エンジンは、外部サイトへのリンクを重視するといわれますが、外部リンクは相手があることですから思うにまかせないこともあります。まず、サイト内部のリンクを整理することが重要です。また、企業によっては商品ごとにドメイン名を持って、Webサイトを展開している例も少なくありません。そうしたサイト同士の相互リンクも意外と見逃されていることがあります。

リンクの最適化とは

トップページからの単純なリンク

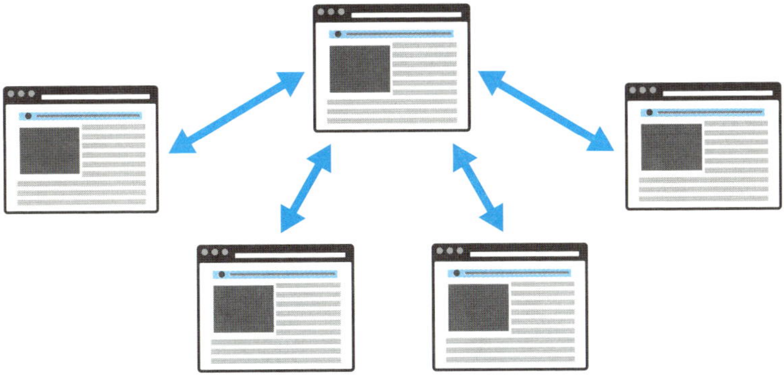

トップページからだけのリンクはユーザビリティもよくないうえに、検索エンジン対策としても効果がないとされる

ジャンル分けして密度の高いリンクを張る

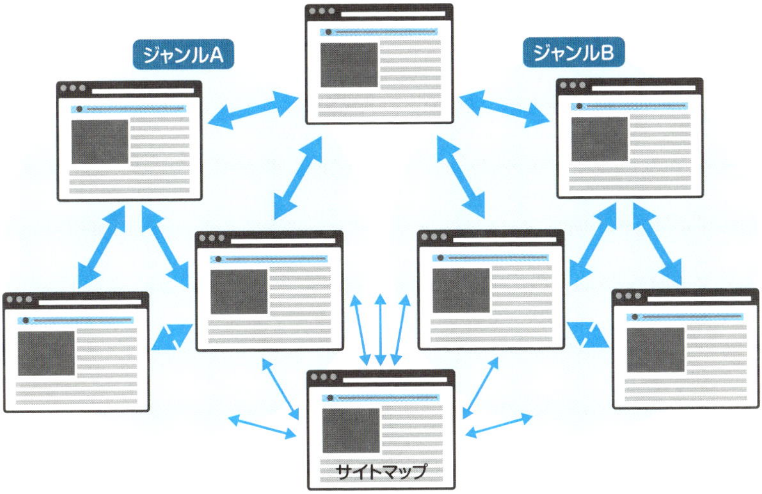
ジャンルA
ジャンルB
サイトマップ

ジャンル分けして関係の深いページ同士が密接にリンクすることでリンクの質が上がる。大規模なサイトではサイトマップも有効な手段

chapter 2 使われなくなったフレームやテーブル

12 古いHTMLの扱い方

HTMLの物理要素は使わない

HTMLは、Webの初期からバージョンを重ねて利用されてきたため、現在では使われていない、あるは推奨されない手法も存在しています。その代表的なものが、**フレーム**と**テーブル**です。

フレームは、Webブラウザの画面を分割して、リンクしているページを分割したウィンドウに表示する機能を持っています。フレームを定義しているWebページからさまざまなリンクを張って表示できるため、一見便利なようですが、リンクしているページにブックマーク（お気に入り）を登録したくても、URLはフレームを設定してリンクを定義しているWebページに固定されてしまいます。また、リンクしているページを自分のコンテンツであるかのように見せるWebサイトもありました。そのため、今日ではフレームは使われなくなっています。

また、表組を定義する**table要素**で画面のレイアウトを行う手法もよく使われていましたが、ソースが煩雑になり、コンテンツの順序を追うことが困難になるため、利用されなくなってきています。

本書では、論理構造をHTMLで定義して、デザイン、レイアウトはCSSで行うことがWeb標準に沿ったWebページの制作であると記しています。見出しを表すh1要素や段落を表すp要素のような論理要素をHTMLで記述して、物理要素と呼ばれる文字の大きさや色などを指定する部分は、HTMLのタグでは行わずにCSSによって実現するということになります。

たとえば、h1要素によって見出しとして大きなフォントで表示した文字と、font要素によって大きさを指定した文字では見かけは同じですが、クローラ（検索ロボット）から見ると、論理要素であるh1のほうがコンテンツの中で重要性を持っていると認識されます。

使わないほうがよいHTMLもある

HTMLの物理要素は使わない

フレームの例

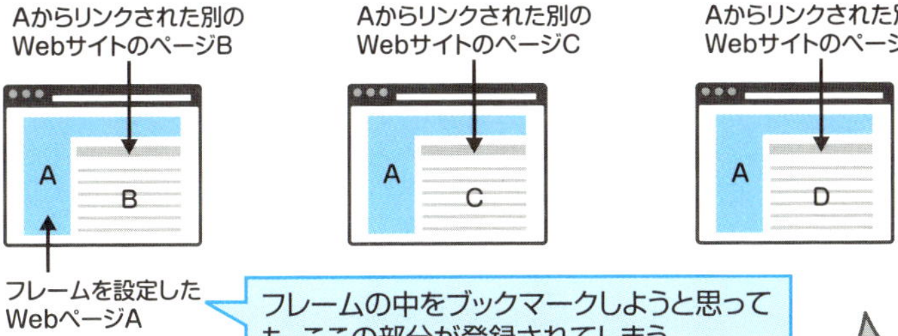
Aからリンクされた別の
Webサイトのページ B
Aからリンクされた別の
Webサイトのページ C
Aからリンクされた別の
Webサイトのページ D
A
B
A
C
A
D
フレームを設定した
WebページA

フレームの中をブックマークしようと思っても、ここの部分が登録されてしまう

ユーザビリティに欠ける

同様の理由で、コンテンツの順序を追うことが難しいテーブルでのレイアウトも敬遠されるようになってきた。

論理要素と物理要素の違い

論理要素のh1で指定

```
<h1>フォントサイズ</h1>
```

物理要素のfontで指定

```
<font size="6"><b>フォントサイズ</b></font>
```

フォントサイズ
フォントサイズ

表示結果は同じになるが、h1要素で指定すると文書構造を構成する「見出し」という意味を持つ。一方、font要素で指定すると単に「大きな文字」になる。

13 フォームの使い方

フォームの部品を使って入力欄を作る

Webページでは、ユーザー登録をしたり、アンケートに回答するなどの双方向の（インタラクティブな）通信を行うことができます。双方向の通信では、Webサーバーから情報を受け取ってWebブラウザで表示するだけでなく、Webブラウザ側からWebサーバーにデータを送ることになります。

HTMLにもそれを実現するための**フォーム**という機能が用意されていますが、フォームにおいては、Webブラウザ側で入力されたデータを受け取るWebサーバーとの関係を考慮する必要があります。また、Webサーバーの先にはデータを格納するためのデータベースが用意されているのが一般的です。

フォームの仕組みはHTMLのform要素などによって実現されます。**form要素**では、**method属性**によってデータの送信の仕方を指定したり、**action要素**によってデータを受け取るプログラムが置いてある場所（URL）を指定します。Webサーバーにあるプログラムがデータを受け取って処理をしたり、データベースにデータを渡す役割を果たします。

データの入力を受けるための手段を提供するのが**input要素**です。入力用の項目はコントロールと呼ばれ、次のような種類があります。

- **テキストボックス**：1行のテキスト入力欄を作る
- **パスワード**：パスワード入力欄を作る
- **ラジオボタン**：選択をチェックするラジオボタンを作る
- **チェックボックス**：選択をチェックするチェックボックスる作る
- **テキストエリア**：複数行の入力エリアを作る
- **送信ボタンとリセットボタン**：送信ボタンはデータの送信、リセットボタンはデータのキャンセルと行う

また、**select要素**ではセレクトボックスを作成できます。

インタラクティブなWebページの仕組み

フォームの部品

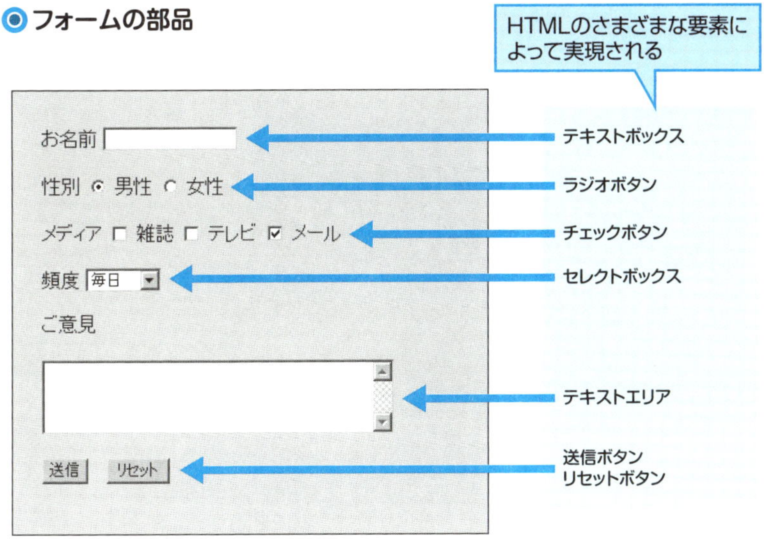
HTMLのさまざまな要素によって実現される
お名前
性別 男性 女性
メディア 雑誌 テレビ メール
頻度 毎日
ご意見
送信 リセット
テキストボックス
ラジオボタン
チェックボタン
セレクトボックス
テキストエリア
送信ボタン
リセットボタン

フォームに入力されたデータの流れ

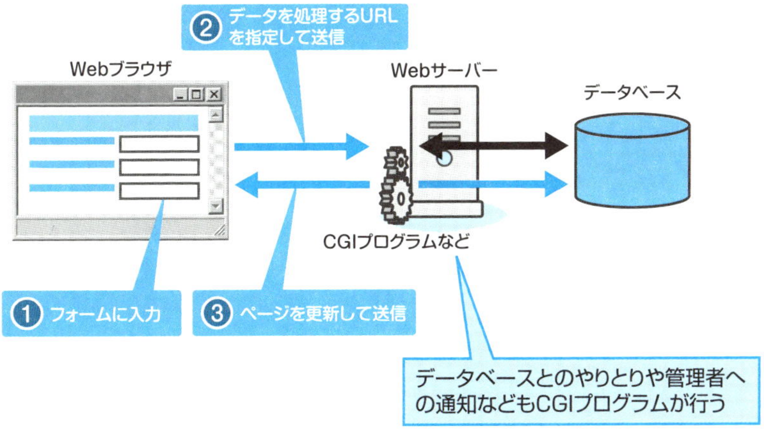
② データを処理するURLを指定して送信
Webブラウザ
Webサーバー
データベース
CGIプログラムなど
① フォームに入力
③ ページを更新して送信
データベースとのやりとりや管理者への通知などもCGIプログラムが行う

chapter 2 タグを書かなくてもWebページはできる

14 Webページ制作ソフト

コードなしで新技術も利用できる

Webページ制作ソフトを利用することで、HTMLやXHTMLのソースを書くことなく、ワープロソフトを使うようにして、Webページを作ることができます。PCの画面上で、文字の大きさなどを指定したり、画像などを入れ込んで作成した結果を、HTMLなどのWebページのデータとして出力するソフトです。Webオーサリングツールとも呼ばれます。このようなソフトはWebの初期から存在しましたが、当初はHTMLの出力内容に問題が指摘されることもありました。

現在、Webページ制作ソフトは、Webページやサイトの高度化、複雑化に対応してさまざまな機能を備えるようになっています。こうしたソフトの代表的なものが、**Adobe Dreamweaver**です。HTMLとXHTML、CSSに対応しているだけでなく、PHPやASPなどのサーバーサイドスクリプトの編集も可能になっています。Ajaxフレームワークを搭載し、コードを書くことなく、Ajaxのユーザーインターフェイスを構築することも可能です（PHP、ASP、Ajaxなどについては第3章を参照）。

また、Webページデータのアップロードや管理・修正を行う機能を持つなど、単にビジュアルなHTMLファイルの編集を行うだけでなく、コンテンツ管理ツールの要素も色濃くなっています。Webサイト全体のリンクやテキストの統一などを可能にする機能を用意しています。

Webページの制作には、Webページ制作ソフトだけでなく、グラフィックソフトもよく使われます。たとえ、HTMLでWebページをコーディングする場合でも、画像素材などをWeb用に加工して前処理をしておく必要があるためです。Photoshopなどのソフトウェアを利用することもありますが、Web用に開発されたFireworksのようなグラフィックソフトが利用されることがあります。Web用に専門化したソフトで、Webページのラフレイアウトなどを制作する機能も持っています。

Webページ制作ソフトとは

タグを知らなくてもWebページを作ることができる

Webページ作成ソフトでビジュアル編集

Webページのデータを出力してWebサーバーにアップロード

```
<?xml version="1.0" encoding="UTF-8"?>
<html
xmlns="http://www.w3.org/1999/xhtml">
 <head>
  <title>Example document</title>
 </head>
<body>
 <p>Example paragraph</p>
        ⋮
</html>
```

ワープロソフトで文書を編集するようにしてWebページを作ることができる

文字や画像などの構成要素を配置・設定した結果を、HTMLなどのWebページのデータとして出力

Dreamweaverのコンテンツ編集画面

Dreamweaverは代表的なWebページ作成ソフト。

- ・HTML
- ・XHTML
- ・CSS
- ・PHP
- ・ASP
- ・JavaScript

などに対応している。Webページデータのアップロードや管理・修正を行う機能もある。

ここで編集した結果が左のコードに反映される

chapter 2 さまざまなデータ形式と扱い方

15 写真・画像の使い方

Webページではファイルサイズにも注意が必要

Webページでは、写真などの画像ファイルが多用されます。関連した写真を入れることで、コンテンツの魅力は増大し、ボタンやバナーなども画像ファイルで飾ることにより、それ自体を認知させたり、意味を伝えやすくする効果などがあります。もちろん、動画や音声もWebページで表示できるようになっていますが、テキストと画像によってページを構成することはWebコンテンツの基本といえます。

画像ファイルには、**ベクター形式**と**ビットマップ形式**があります。ベクター形式は、画像を形づくる要素を数値化し保持しているので、画像の大きさを変化させても画質を保つことができます。そのため、ベクター形式の画像は、スケーラブルな画像と呼ばれます。しかし、現在、Webでよく使われる画像ファイルはビットマップ形式です。ビットマップ形式は、画素（点＝ドット）で構成されたもので、PCのディスプレイの画素と対応して表示されます。拡大すると画質が低下します。

ビットマップ形式の画像には、いくつかのファイル形式があります。ファイルサイズを小さくするために画像情報を圧縮して保存されますが、元の質に戻せるものを可逆圧縮、元の質に戻せないものを非可逆圧縮といいます。

・**GIF形式**：可逆圧縮だが、256色までしか使えない。しかし、gifアニメーションで動作させるなど目的によっては効果的
・**JPEG形式**：デジタル写真の標準フォーマットで、フルカラーの写真や画像に適している。反面、圧縮率を高くしたり、画像の絵柄によってはノイズが出ることもある
・**PNG形式**：可逆圧縮でフルカラーを扱える。ファイルサイズが小さく透過色を扱うことができるが、古いWebブラウザでは非対応という問題もある

Webページに使う画像

◎ 画像ファイルの種類と画質、ファイルサイズ

1024×768ピクセルのサイズのファイルの大きさ（圧縮率や画像によって異なるため、ファイルサイズは参考値）

JPEG:約350KB

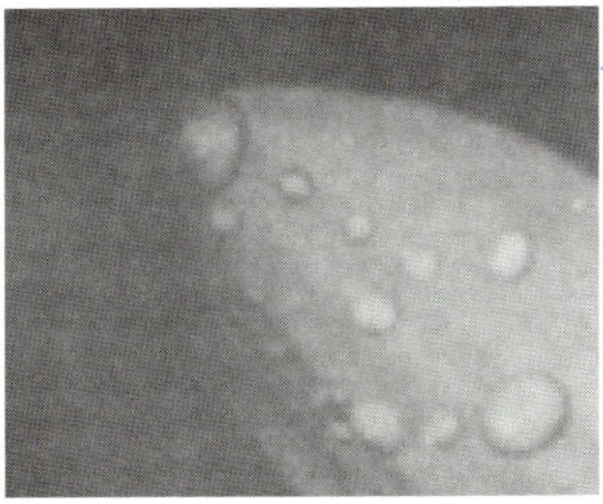

PNG:約1290KB

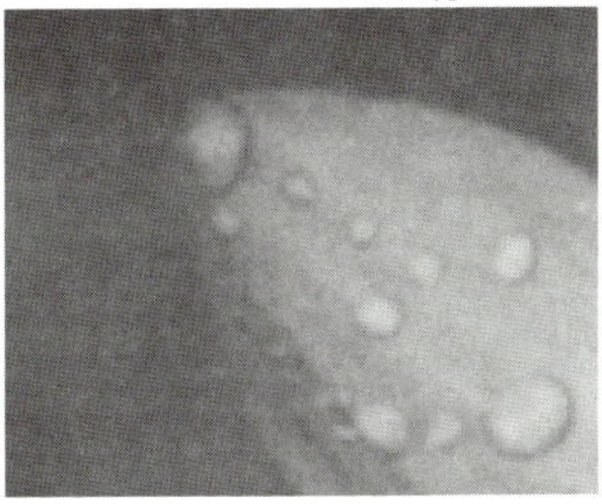

ファイルサイズは画像によって大きく異なる。この場合は、PNG形式が一番大きい

GIF:約310KB

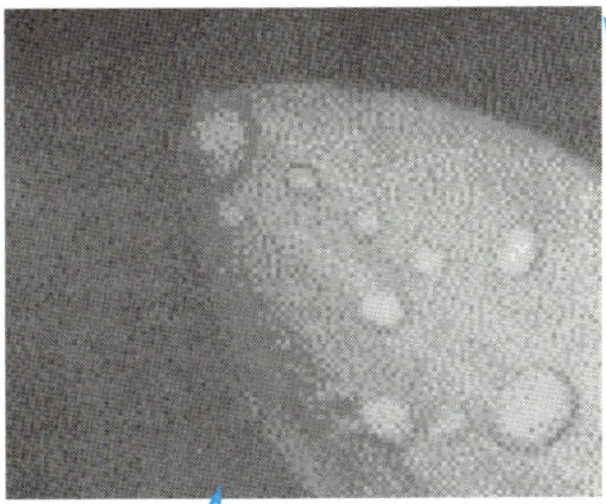

画質はJPEGとPNGはそれほど変わらないが、GIFは粗い。ただし、ファイルサイズは一番小さい

このWindowsのスクリーンショットはJPEGは花の写真と同じ約350KBだが、PNGは約410KBと小さい。それぞれの形式における圧縮率は色の構成などによって変わる

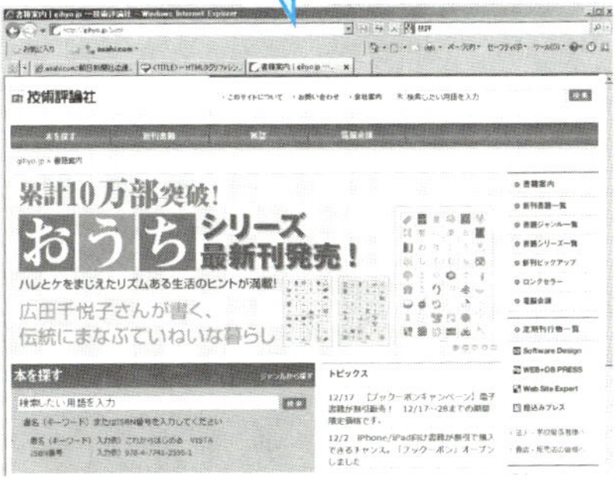

JPEG:約350KB
PNG:約410KB
GIF:約250KB

16 ブロックレベル要素とインライン要素

タグを区分して文書構造を保つ

HTMLとCSSでWeb文書を作るときに大切な概念となるのが、**ブロックレベル要素（ブロック要素）**、**インライン要素（インラインレベル要素）**です。インライン要素の一部は、**インラインブロック要素（置換インライン要素）**として分類されます。この概念は、HTML文書を記述するときや、そのHTMLに対応するCSSを記述するときに重要になります。

ブロックレベル要素は、Web文書の基幹となる部分を構成する要素で、文書本体の親要素であるbody要素の直下に置くことができます。見出し、本文の段落、表のような文書の構造を作るものがブロックレベル要素です。ブロックレベル要素の前後は自動的に改行されます。また、その内容はとくに指定しない限り、行幅いっぱいに広がって表示されます。ブロックレベル要素としては、p要素（段落）、h1～h6要素（見出し）、div要素（範囲）、form要素（フォーム）、ul要素（箇条書き）、address要素（問い合わせ先）などがあります。

インライン要素は、ブロックレベル要素に含まれるかたちで使われます。行の内容に意味を持せたり、修飾をする要素です。body要素の直下に置くことはできず、ブロックレベル要素を含むこともできません。インライン要素の前後は改行されません。

インライン要素としては、リンクを指定するa要素、内容を強調するem要素やstrong要素、改行を指定するbr要素などあります。

また、インライン要素の中に、特殊なものとしてインラインブロック要素があります。属性で指定される値によって内容が置き換えられるインライン要素がインラインブロック要素です。インラインブロック要素には、写真などの画像を指定するimg要素や、フォームで入力フィールドを用意するinput要素やselect要素などがあります。

2つに分けられるHTMLの要素

ブロックレベル要素とインライン要素の関係

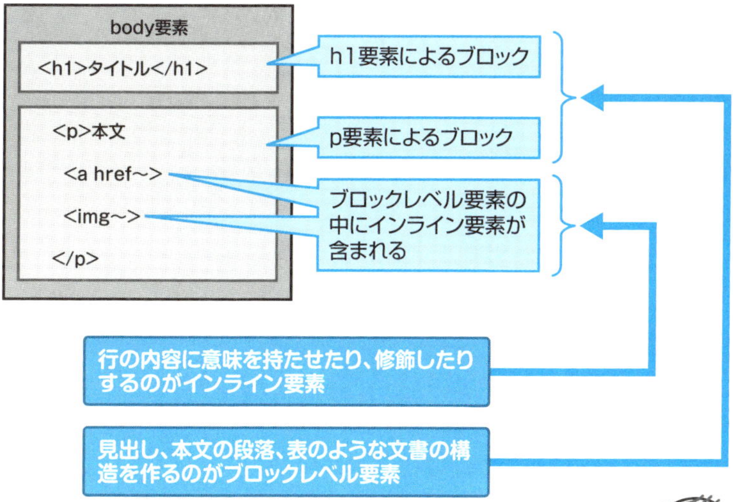
body要素
<h1>タイトル</h1>
<p>本文
<a href~>
<img~>
</p>
h1要素によるブロック
p要素によるブロック
ブロックレベル要素の中にインライン要素が含まれる
行の内容に意味を持たせたり、修飾したりするのがインライン要素
見出し、本文の段落、表のような文書の構造を作るのがブロックレベル要素

主なタグ

ブロックレベル要素のタグ

<address>	<blockquote>	<center>	<div>	<dl>	<fieldset>
<form>	<h1>~<h6>	<hr>	<noframes>	<noscript>	<ol>
<p>	<pre>	<table>	<ul>		

主なインライン要素のタグ

<a>	<b>	<basefont>	<big>	 	<cite>
<code>	<em>	<font>	<i>	<input>	<label>
<q>	<s>	<samp>	<small>	<span>	<strike>
<strong>	<sub>	<sup>	<tt>	<u>	<var>

主なインラインブロック要素のタグ

<button>	<img>	<input>	<object>	<select>	<textarea>

chapter 2

17

構造とデザインを分離する

CSS、スタイルシート

CSSとHTMLファイルに分離することで柔軟な表示が可能に

スタイルシートは、コンピュータで表示される文書の表示形式を制御するものです。スタイルシートによって表示を制御する文書は、見出しや段落などの文書構造が定義された文書です。つまり、HTMLやXHTMLの文書の表示を担当するのがスタイルシートということになります。

スタイルシートは、**CSS（Cascading Style Sheets）**だけではありませんが、CSSが広く利用されているため、WebページのスタイルシートはCSSと考えていいでしょう。CSS 1.0は、スタイルシート言語として1996年にW3Cの勧告になっています。現在の最新仕様は、CSS 2.1です。

スタイルシートが制御するのは、フォントの大きさや色、強調、文字位置など、Webページの背景色やボックス型に表示する場合の余白や色、囲みの線などです。このような、表示を制御する機能はHTMLも持っており、HTMLを記述するときに、フォントの表示などをいっしょに書くこともできます。実際、CSSが普及するまでは、HTML文書の中で表示が指定されていました。

しかし、HTMLで表示部分を指定する場合、ソースが煩雑になる上に、変更が生じたときの訂正も面倒な作業になります。また、人間は文書を読む場合に表示が一定であるほうが、読みやすく理解しやすいといえます。本や雑誌でも、同じレベルの見出しは、同じ文字の大きさで同じ色であるほうが文書の構成をつかみ、内容を理解しやすいものです。

そのため、表示に関するものはCSSで記述して、同じ表示にしたい複数のHTML文書がそれを参照して表示を実現するようにすればいいという考え方が出てきました。また、ひとつのHTML文書に対して、複数のCSSで表示を制御して、Webページの目的や表示する機器の種類（たとえば、PCかモバイル機器か）などによって、表示を変化させることもできます。

HTML文書とCSSの関係

HTML文書のデザインを定義するCSS

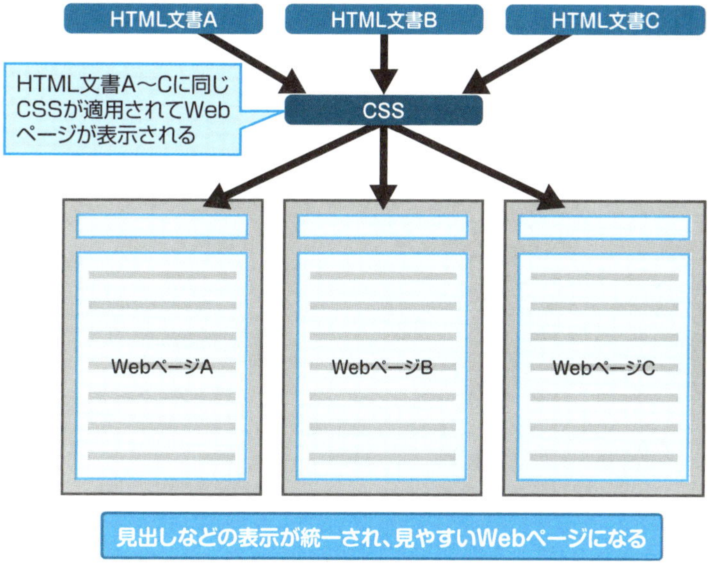
HTML文書A
HTML文書B
HTML文書C
HTML文書A～Cに同じCSSが適用されてWebページが表示される
CSS
WebページA
WebページB
WebページC
見出しなどの表示が統一され、見やすいWebページになる

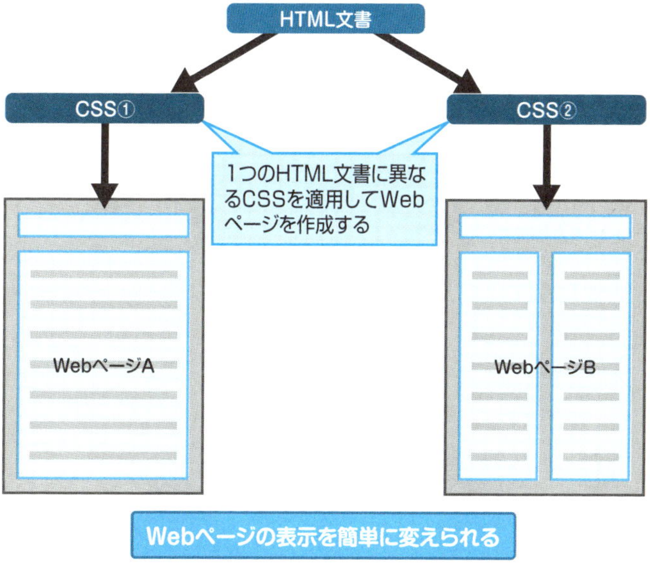
HTML文書
CSS①
CSS②
1つのHTML文書に異なるCSSを適用してWebページを作成する
WebページA
WebページB
Webページの表示を簡単に変えられる

chapter 2

18

どこにCSSを記述するか

スタイルシートの記述

CSSを外部ファイルにして効率的に運用する

CSSは、HTML文書のどこにどのようなスタイルを適用するかを記述します。たとえば、p要素の段落を赤い文字にしたいときは、「**p{color:red;}**」と記述します。これは「p要素の部分」の「color」を「red」にするということを意味します。適応対象を「セレクタ」、適応するスタイルの種類を「プロパティ」、プロパティに適用する内容を「値」と呼びます。CSSの記述の基本は「**セレクタ{プロパティ:値;}**」となります。

では、HTML文書に対して「CSSを適用する」といいますが、CSSはどこに書けばいいのでしょうか。方法は3つあります。

- HTML文書の中で、style属性をつけて部分的にスタイルを指定する
- HTML文書のhead要素の中に、style要素を記述して、そのHTML文書に対するスタイルを設定する
- CSSファイルを作り、HTML文書から呼び出してスタイルを設定する

文書構造はHTMLファイル、デザインなど表示についてはCSSファイルに記述することが基本ですが、実はCSSはHTML文書内に書いても機能するようになっています。たとえば、「<p style="color:red;">テキスト</p>」のように、p要素のstyle属性としてプロパティと値を記述すれば、「テキスト」の部分が赤で表示されます。

しかし、HTMLによって表示を制御することを避けるためにCSSを使うという目的から考えれば、HTMLファイルとは別にCSSファイルを作成してHTML文書から参照するというかたちがよいでしょう。ファイルをひとつ作るだけなら、HTMLファイルの中に書いても、外部ファイルとしてもあまり差はありませんが、Webサイトのコンテンツが豊富になり、管理が複雑になるほど、外部にCSSを置いたほうが効率的になります。

3つあるCSSの適用方法

HTML文書の一部にだけCSSを適用する

```
<body>
<p style="color:red;">テキスト</p>
</body>
```

ここに記述して

ここにスタイルが適用される

HTML文書のhead要素にCSSを記述する

head要素

```
<head>
<style type="text/css">
p {color:red;}
</style>
</head>
```

このブロックにスタイルを記述する

body要素

```
<body>
<p>
本文
</p>
</body>
```

上のhead要素で記述したスタイルが文書全体に適用される

CSSファイルにCSSを記述する

CSSファイル (sample.css)

```
p {color:red;}
```

CSSファイルにスタイルを記述する

CSSファイルを参照

HTMLファイル

```
<link rel="stylesheet" type="text/css" href="sample.css">
<p>適応されるテキスト</p>
```

HTMLファイルのここにスタイルが適用される

chapter 2 CSSファイルをHTMLファイルから参照する

19 スタイルシートの参照

HTML文書からlink要素でCSSファイルを参照する

HTMLファイルの外部にあるCSSファイルを参照するには、HTMLファイルに**link要素**で記述します。たとえば、sample.cssを参照するには、「<link rel="stylesheet" type="text/css" href="sample.css">」とします。

link要素の**rel属性**は参照するファイルとの関係を表します。外部にあるスタイルシートの場合は「stylesheet」と書きます。**type属性**は参照するファイルのMIMEタイプを記述します。

MIMEはMultipurpose Internet Mail Extensionの略で、メールでバイナリファイルを送るときの仕様ですが、Webで使うときはデータの形式を意味します。「タイプ名/サブタイプ名」で指定し、たとえば、「text/html」ならHTML文書を、「image/jpeg」ならJPEG画像を意味します。CSSは、「text/css」です。**href属性**は、a要素のhref属性と同じで、参照するファイルのURLを記述(同じフォルダならファイル名のみ)します。

link要素では、CSSの外部ファイルを参照できますが、head要素にCSSを記述する場合、HTML文書で部分的にCSSを書く場合もCSSであることを示す方法があります。

head要素にCSSを書くときは、「style type="text/css">」とします。また、HTML文書の一部でCSSを書くときは、head要素内に「<meta name="Content-Style-Type" content="text/css">」のように記述しますが、それがなくても、Webブラウザは CSSを判別して表示してくれます。

CSSファイルのほうは、HTML文書に対応する記述をしておけば、その指定がHTML文書に適応します。CSSファイルに「p {color:red;}」とだけ書かれていても、link要素でそのCSSファイルを参照したHTML文書のp要素の内容は赤で表示されます。

HTMLファイルからCSSファイルを参照する方法

外部のCSSファイルをHTML文書から参照する場合

```
<html>
<head>
<link rel="stylesheet" type="text/css" href="sample.css">
</head>
<body>
<p>スタイルが適用されるテキスト</p>
</body>
</html>
```

head要素の中にlink要素でリンクするCSSファイルを指定

リンクするファイルがスタイルシートであることを記述

MIMEタイプを「text/css」と記述

リンクするCSSのファイル名

sample.css　HTMLで参照先に指定したファイル名でCSSファイルを作り、そこにスタイルを記述する

HTML文書のhead要素内にCSSを記述する場合

```
<head>
<style type="text/css">
p {color:red;}
</style>
</head>
```

style要素のtype属性でMIMEタイプを記述

要素セレクタでスタイルを記述

MIMEタイプの例

種類	MIMEタイプ
テキスト	text/plain
HTML文書	text/html
CSS	text/css
JPEG画像	image/jpeg
PNG画像	image/png
PDF文書	application/pdf

chapter 2 CSS記述の基本

20 セレクタ、プロパティ、値

HTMLの要素をセレクタにすることができる

CSSは、「セレクタ{プロパティ:値;}」という形式で記述します。**セレクタ**は、CSSの適用範囲を示しますが、もっともシンプルなセレクタはHTMLの要素に対応しています。HTMLタグの木構造に対応するかたちでHTMLの要素をセレクタに指定できます。body要素、あるいはp要素、h1要素などがセレクタになり、各要素の内容に対してスタイルを指定します。

特殊なセレクタとして、**全称セレクタ**があります。これは「*」で表され、body要素以下のすべてのコンテンツに適用されます。「*{プロパティ:値;}」とすれば、body要素の下にあるすべてに適用されます。

名前をつけた要素やリンクの状態などもセレクタにできます。文書の特定の部分に名前をつけてスタイルを指定する方法は102ページで解説します。

プロパティは、スタイルの種類です。文字の色や表示の背景色、文字の種類やサイズ、変形など、また、行の高さや揃え方、余白や配置など、Webページの表示全般に関わるため、非常に多岐にわたります。値は、プロパティに対応したものになります。

たとえば、font-sizeプロパティなら「12px」「80%」「small」など、数値と単位の組み合わせやパーセンテージ、キーワードで指定します。また、colorプロパティの場合は、「blue」などのカラーネームか、「#FF0000」などの数値で指定します。

プロパティは、続けて記述することができます。「p {color:#FF0000;font-style:italic;}」というように、「;」で区切ってプロパティと値を記述します。また、セレクタも続けて書くことができます。「h1,h2,h3」のようにセレクタを続けて書いて、複数の要素に対してまとめてプロパティを指定できます。

セレクタとプロパティ

CSSの記述

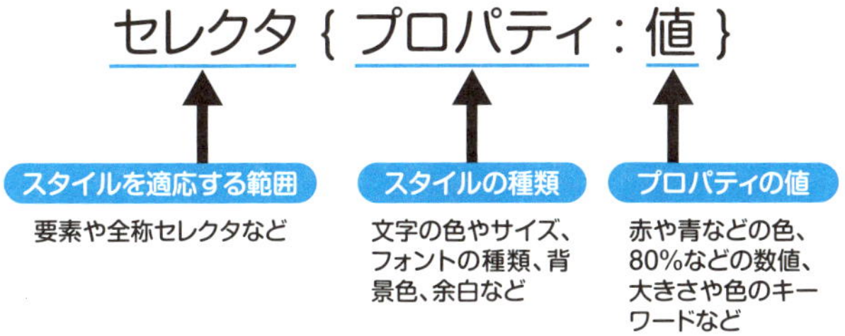
セレクタ { プロパティ : 値 }
スタイルを適応する範囲
要素や全称セレクタなど
スタイルの種類
文字の色やサイズ、フォントの種類、背景色、余白など
プロパティの値
赤や青などの色、80%などの数値、大きさや色のキーワードなど

HTMLの要素をセレクタにする

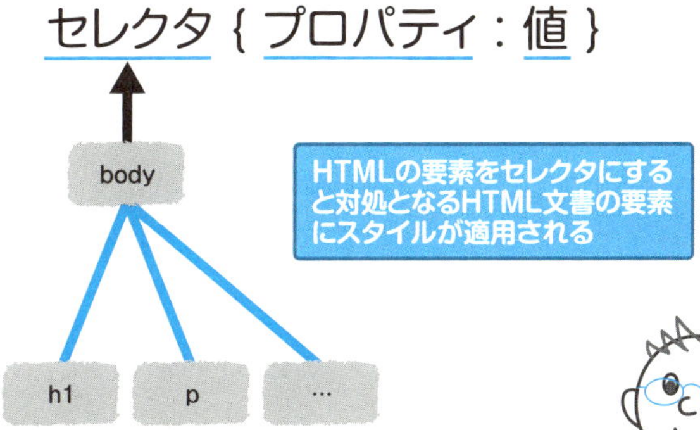
セレクタ { プロパティ : 値 }
body
h1
p
…
HTMLの要素をセレクタにすると対処となるHTML文書の要素にスタイルが適用される

全称セレクタとは

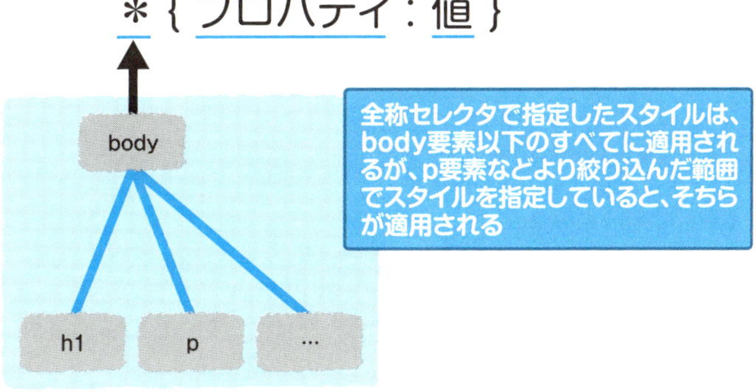
* { プロパティ : 値 }
body
h1
p
…
全称セレクタで指定したスタイルは、body要素以下のすべてに適用されるが、p要素などより絞り込んだ範囲でスタイルを指定していると、そちらが適用される

chapter 2

classセレクタとidセレクタ

21 名前をつけた範囲をセレクタにする

id名は文書中に重複することができない

classセレクタを使うには、HTML文書の中でp要素などの**class属性**によって名前をつけておきます。CSSは、class属性でつけられた名前に対して、「.クラス名{プロパティ:値;}」という書式で記述します。名前の前に「.」(ピリオド)を使って名前を書きます。

たとえば、HTML文書に「<p class="caption">写真キャプション</p>」と記述しておいて、CSSで「.caption{font-size:small;color:#0000ff;}」と書けば、「写真キャプション」を小さい青文字で表示することができます。

id属性を使っても特定の部分に名前をつけてセレクタとすることができます。HTML文書では、id属性を使って名前をつけます。CSSは「#id名{プロパティ:値;}」という書式でスタイルを指定します。名前の前に「#」をつけて記述します。

たとえば、HTML文書に「<div id="column">～テキスト～</div>」としておいて、CSSで「#column{color:white;background:#008000;}とすれば、div要素で囲まれた「column」と名づけられた部分を緑に白抜き文字で表示できます。**div要素**は、<div>と</div>で囲まれた部分をブロックとして扱うもので、**idセレクタ**の範囲を指定するのに適しています。

classセレクタとidセレクタは似た機能を持っていますが、classセレクタはひとつの文書内に同じ名前をいくつもつけられるのに対して、idセレクタの名前は文書中に重複して使えません。

そのため、classセレクタは文書中に何枚も写真を使って、そのキャプションに同じスタイルを適用したいときなどに適しています。また、idセレクタはHTML文書中の特定のブロックに対して、特別なデザインで表示したい場合などに向いているといえます。

classセレクタとidセレクタの使い方

classセレクタ

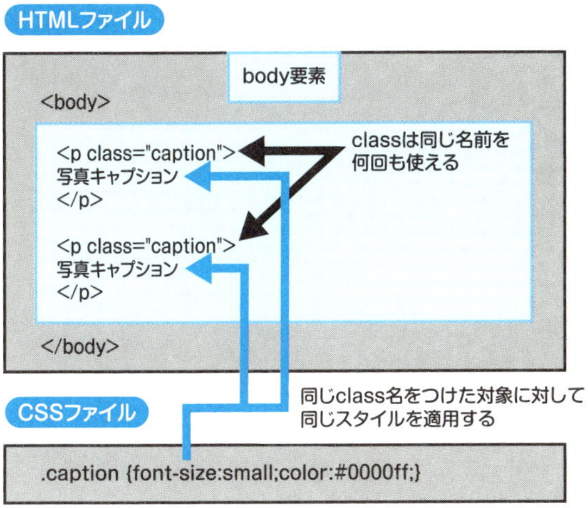
HTMLファイル
body要素
<body>
<p class="caption">
写真キャプション
</p>
<p class="caption">
写真キャプション
</p>
</body>
classは同じ名前を
何回も使える
同じclass名をつけた対象に対して
同じスタイルを適用する
CSSファイル
.caption {font-size:small;color:#0000ff;}

idセレクタ

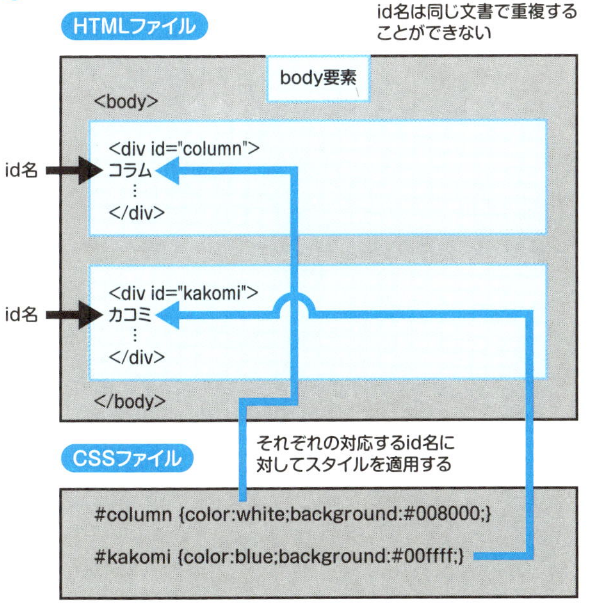
HTMLファイル
id名は同じ文書で重複する
ことができない
body要素
<body>
id名
<div id="column">
コラム
⋮
</div>
id名
<div id="kakomi">
カコミ
⋮
</div>
</body>
それぞれの対応するid名に
対してスタイルを適用する
CSSファイル
#column {color:white;background:#008000;}
#kakomi {color:blue;background:#00ffff;}

chapter 2

スタイルは重ねて適用される

22 スタイルの優先順位と継承

値がぶつかると最後の値が生きる

CSSは、カスケーディングスタイルシートの略であり、「カスケードする」という特徴を持っています。名詞では、「階段状に連続する滝」を意味するようですが、CSSの場合、Windowsのカスケード表示のように「連続して出ているもの」という概念でとらえるといいでしょう。

ある文書のブロックに背景色を指定して、同じブロックの文字色を白とした場合、その両方が適用されて背景色に白抜き文字として表示されます。さらに、同じブロックの文字の大きさを小さくすると、そのスタイルも適用され、背景色に小さな白抜き文字として表示されます。このように、いくつものスタイルを重ねて適用していくことが**カスケーディング**です。

では、その上に文字色を黒にする指定をしたらどうなるでしょうか。その場合、背景色に小さな黒い文字で表示されることになります。CSSでは同じ範囲に指定されたスタイルを重ねて適用していきます。もし、文字色の指定のように内容が重複してしまう場合は、後に読み込まれたものが優先されるようになっています。

優先順位は、セレクタの種類により次のように適用されます。より絞り込んだセレクタほど優先順位が高くなります。

id セレクタ←class セレクタ←要素セレクタ←全称セレクタ (*)

bodyのような上位セレクタで指定したスタイルは、h1やp要素などの下位要素に継承されます。しかし、h1やp要素などで別にスタイルを指定した場合は、bodyセレクタのスタイルは継承されず、それぞれのスタイルが適用されます。また、プロパティの種類によっても継承されない場合があります。枠線のようなプロパティは、親要素から子要素に継承してしまうと、枠がいくつもできてしまうため継承されません。

スタイルの優先順位

カスケードとは「連続して出ているもの」

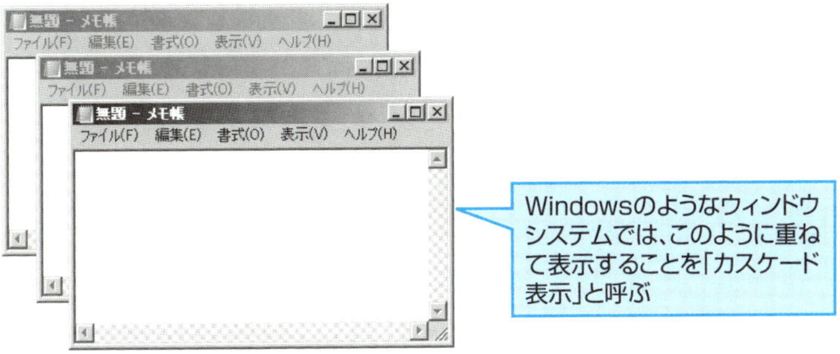
無題 - メモ帳
ファイル(F) 編集(E) 書式(O) 表示(V) ヘルプ(H)
Windowsのようなウィンドウシステムでは、このように重ねて表示することを「カスケード表示」と呼ぶ

スタイルは重ねて適用される

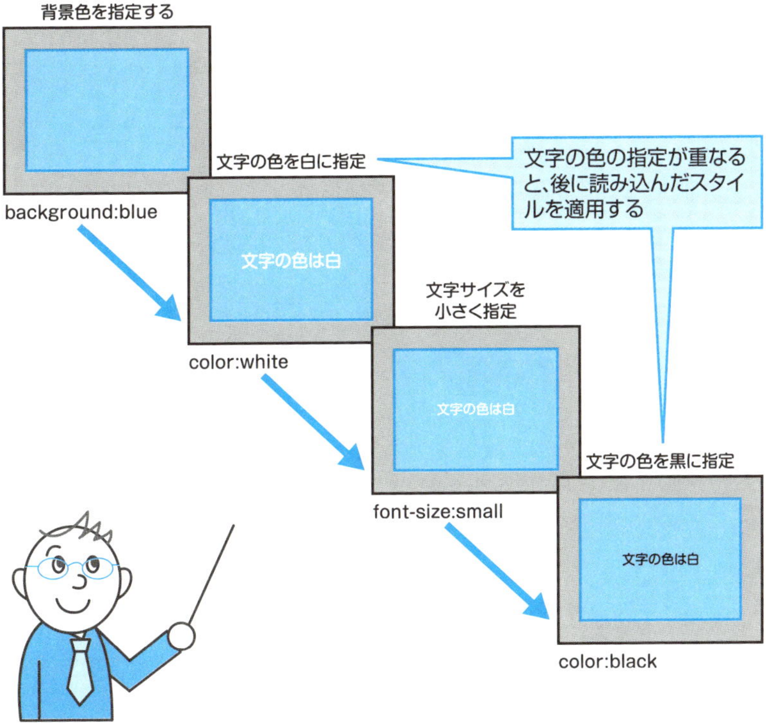
背景色を指定する
background:blue
文字の色を白に指定
文字の色は白
color:white
文字サイズを小さく指定
文字の色は白
font-size:small
文字の色を黒に指定
文字の色は白
color:black
文字の色の指定が重なると、後に読み込んだスタイルを適用する

23 ボックスの使い方

ブロックレベル要素にも、インライン要素にもボックスがある

ブロックレベル要素には、**ボックス**という領域が適用されます。ボックスの構造を知ることは、背景の範囲や枠線を使ったレイアウトをするときに役立ちます。ボックスは、内容領域(content)、パディング(padding)、ボーダー(border)、マージン(margin)で構成されます。

- **内容領域**：テキストや画像などの内容が表示される領域で、幅をwidthプロパティで、高さをheightプロパティで指定することができます
- **パディング**：背景が適用される領域で、背景色や画像を使ったテキスチャーなどを展開できます。ボーダーと内容領域の間の内側の余白になります。paddingプロパティで幅を指定できます
- **ボーダー**：境界線として、borderプロパティで線の太さ、線の種類、色を指定することができます
- **マージン**：外側の余白にあたる領域で、marginプロパティで幅を指定することができます

インライン要素に対してもインラインボックスが適用されます。インラインボックスは、ブロックレベル要素のボックスのように箱型の領域構造ではなく、1行ずつの行ボックスになっています。この構造によって文章の一部に背景色を適用したときの範囲や、線で囲むときの線の位置が決められます。

ボックスのサイズは、Webブラウザが用意しているCSSの標準モードか、古いWebブラウザとの互換性を保つための互換モードかによって異なります。これは、文書型宣言(DOCTYPE)の書き方で決まり、Webブラウザによって差異があります。widthプロパティで幅を指定した場合、標準モードでは内容領域の幅になりますが、互換モードではパディングやボーダーを含んだ幅になります。また、標準となる文字サイズもそれぞれのモードで違います。

ボックスとは？

ボックスの概念

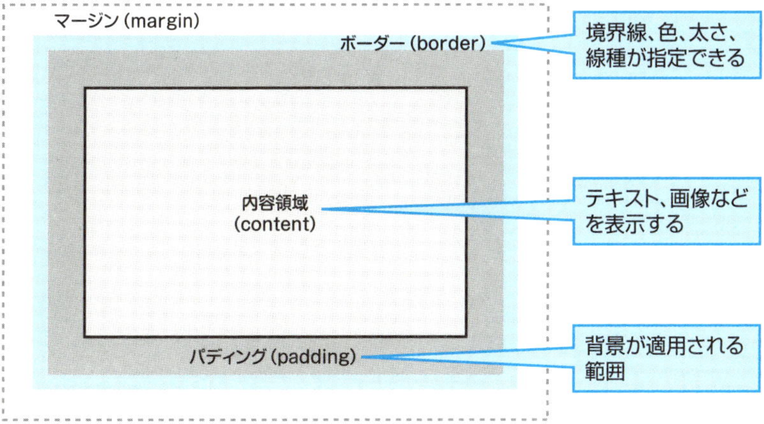
マージン（margin）
ボーダー（border）
境界線、色、太さ、線種が指定できる
内容領域（content）
テキスト、画像などを表示する
パディング（padding）
背景が適用される範囲

インラインボックスの概念

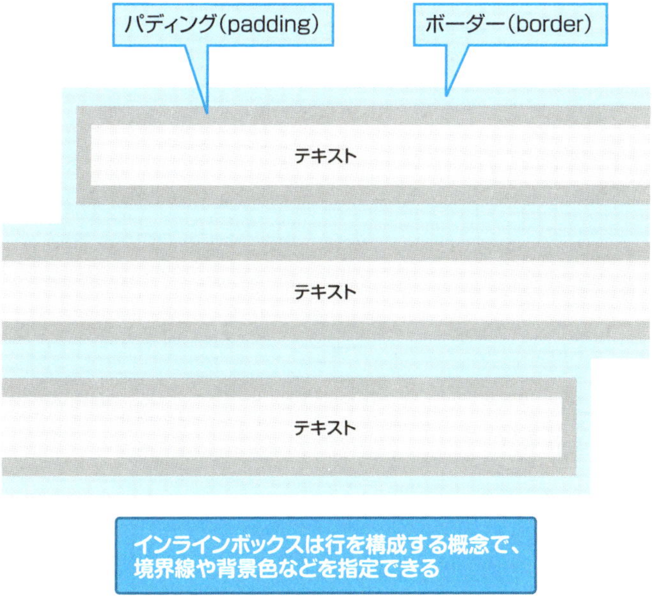
パディング（padding）
ボーダー（border）
テキスト
テキスト
テキスト
インラインボックスは行を構成する概念で、境界線や背景色などを指定できる

chapter 2 表示環境に合わせて見やすいWebページとは

24 レイアウトの種類

固定幅、リキッド、エラスティック

Webページには、レイアウトの種類によって、Webブラウザのウィンドウ幅との関係で表示に違いがあることはご存知だと思います。Webページのレイアウトには、固定幅レイアウト、リキッドレイアウト、エラスティックレイアウトという3つの種類があります。

固定幅レイアウトは、Webブラウザのウィンドウ幅が変わっても、ページレイアウトが変化しません。ページ幅よりウィンドウ幅が小さければ横が切れてしまいますし、ウィンドウ幅が大きいと余白が生じます。固定幅レイアウトでは、表示幅を「width:800px;」のように絶対値で指定しています。

リキッドレイアウトは、ウィンドウ幅によって、字詰めが流動的に変化します。行が切れることがなくなりますが、大きさが変化しない図版とのバランスがおかしくなったり、1行の文字数が多くなりすぎて読みにくくなることもあります。リキッドレイアウトの表示幅指定は、「width:80%;」のように相対値で指定されています。

固定レイアウトもリキッドレイアウトもそれぞれ問題があります。そこで、登場するのが**エラスティックレイアウト**です。エラスティック（elastic）とは、「弾力的な」という意味です。エラスティックレイアウトでは、「max-width:60em;」というように、最大幅を文字サイズ単位で指定することで、レイアウトの最大幅と文字サイズが連動するようにします。

そうすることで、ウィンドウの大きさに連動してバランスの取れた表示が可能になります。また、min-widthプロパティで最小幅を設定して、より細かいレイアウトのコントロールもできるようになります。この場合でも、写真などは、無理に拡大すると画質が粗くなってしまいます。写真は、左上から配置するなどの工夫が必要になります。

見やすいレイアウトを考える
固定幅レイアウト
はみ出した部分は表示されないのでスクロールするか、Webブラウザの枠を広げる
Webブラウザ
Web ページの幅
表示されるテキストの文字数はいつも一定。
Webブラウザ
Web ページの幅
表示されるテキストの文字数はいつも一定。
リキッドレイアウト
Webブラウザ
Web ページの幅
表示されるテキストの文字数も変化する。
Webブラウザ
Web ページの幅
表示されるテキストの文字数も変化する。
エラスティックレイアウト
Webブラウザ
Web ページの幅
文字のサイズでページの幅が決まる。
Webブラウザ
Web ページの幅
文字のサイズでページの幅が決まる。
文字サイズの大、中、小をユーザーが選択するようにすれば、動作環境に適した表示を選ぶことができるようになる。

chapter 2 長さの単位と色の指定

25 プロパティを指定する単位

相対的な単位を使うのが基本

CSSで指定できる単位は豊富にあります。**em（エム）**、**ex（エックス）**、**pc（パイカ）**のように、日本ではなじみのない単位も使われます。em、exは大文字の高さと小文字の高さ、pcは12pt（ポイント）が1pcになります。emやexの場合は、指定した文字の大きさに対して「40文字分の幅」を指定する相対的な単位になります。

また、**px（ピクセル）**はディスプレイ上に表示する画素数を意味しますが、実際の表示はディスプレイに依存します。つまり、90dpi（1インチあたりの画数）のディスプレイと100dpiのディスプレイでは長さが異なります。しかし、ひとつのディスプレイの中では、最小構成単位となるため、詳細な指定まですることが可能です。

%（パーセント）は、表示領域の大きさや文字サイズに対しての相対的な指定単位であるためWebページではよく使われます。

それに対して、絶対値である**mm（ミリメートル）**、**cm（センチメートル）**、**in（インチ）**、**pt（ポイント）**、pc（パイカ）は、さまざまな環境で表示されるWebページには向いていません。

また、頻繁に使われるものとして、色の指定があります。16進数による色指定は、RGBを**#RRGGBB**の順で記述します。RGBの値は各2桁に00～FFの範囲で入れます。赤（Red）は「#FF0000」で、青（blue）は「#0000FF」となります。この色指定によるサンプルカラーはWeb上にたくさんあるので参考にできます。

色はカラーネームによっても指定可能です。Red、Blue、Lime（ライム）などはわかりやすいですが、Fuchsia（フューシャ：花の名前で、マゼンタ色）になるとサンプルを見ないとわかりません。

いろいろある長さの単位と色の指定方法

プロパティの値に指定する長さの単位

em	文字の高さを1emとして指定する。60emは文字の高さの60倍。
ex	「x」の小文字の高さを1exとして指定する。
px	ピクセル（画素）。ディスプレイの1画素が1pxとなるため、ディスプレイによって長さが異なる。
%	パーセント。親要素やデフォルトの値に対してのパーセンテージで指定する。
mm	ミリメートル。
cm	センチメートル。
in	インチ（1inは約2.54cm）。
pt	ポイント。
pc	パイカ（1pcは12pt）。

emとex

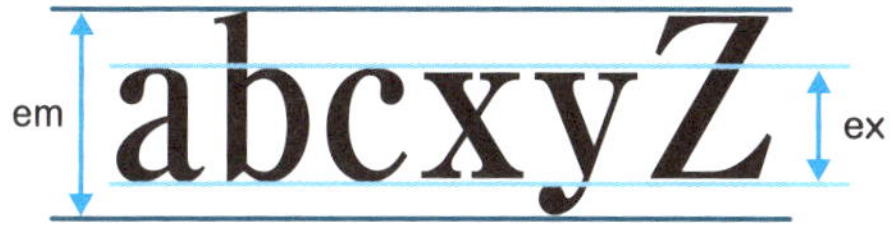

色の指定

16進数による指定の例

赤（Red）、緑（Green）、青（Blue）の値を0～fの16進数2桁で表す。

1色あたり16×16=256段階の表示になり、3色で256×256×256で約1677万色の表示が可能。

色指定は10進数や%、カラーネームでもできる

・10進数（各色0～255）
rgb(255,0,128)

・%（各色0～100）
rgb(100%,0%,50%)

・カラーネーム
Red、Green、Blue…

COLUMN

EPUBと電子書籍

iPadなどのモバイル情報機器が普及しているため、電子書籍が注目を浴びています。電子書籍は、Webと同様にコンピュータで文書を表示する仕組みになりますが、独自仕様のファイルフォーマットと専用ハードウェアで実現されているものも少なくありません。
その中で、英語圏で標準的なフォーマットになりつつあるのがEPUBです。Sony ReaderやGoogle Booksで採用されています。EPUBはXHTMLとCSSというWeb標準をベースにして文書構造と表示を定義するもので、IDPF（国際電子出版フォーラム）が公開している電子書籍用ファイルフォーマットです。
文書構造はXHTMLのサブセットによって記述し、CSSで表示を適用しますが、ダウンロードにより流通することを想定して、ZIP形式で圧縮されて拡張子がepubにリネームされます。
2011年3月現在、日本語などの縦書きやルビ表記などに対応が進められており、2011年5月にEPUB 3.0として公表される予定です。EPUB 3.0は、縦書きだけでなく右から左への書く言語など、世界中の文字表記への対応をめざしています。
EPUB 3.0により、日本でもWebと同様の技術を応用した電子書籍の制作が本格化すると思われます。電子書籍としての表示や使い勝手は、EPUBに対応するPCやモバイル機器用のビュワーソフトの完成度がどれだけ高くなるかという点にかかってくることになります。

chapter

3

Webサービスを知ろう

Webは、ユーザーと対話し情報を交換する場であったり、ものやサービスを売買する場にもなっています。そこでは、Webが提供する情報や機能を相互に利用しています。

先輩、うちの弟ってアニメオタクっぽいんですけど、この間、家に帰ったらWebでアニメ見てたんです。ちょっと怪しかったんで、「それって、違法じゃないの？」って聞いたら、「全然大丈夫」とかいうんです。どうなんでしょうね？

そうね。たしかに、著作権無視の投稿サイトもたくさんあるみたいだけど、このごろは、期間限定で正規のアニメをWebに流して、視聴率アップの宣伝に使ったり、DVDなんかの売り上げに結びつけようってところもあるみたいだから、それだけじゃなんともいえないわね。

本当に、投稿動画サイトもあるし、地図や航空写真で世界中を表示したり、街を歩くように見ることもできるしで、このごろのWebって、便利になりましたよね。

Webでいろいろなことを実現するために、新しい技術がどんどん出てきているのよ。もっとも、そうした技術を使って、Webページの中でいろいろな表現をするのは、ソフトウェア開発のスタッフなの。君もどんな技術で何ができるかくらいは知っておいたほうがいいと思うわよ。

同じ地図がいろんなサイトで使われているのも、そうした技術を使っているんですか。

ああ、それはWebサービスといって、地図サイトがデータや機能をほかのサイトで利用できるように提供しているの。Webサービスには、地図のように個人ユーザーがよく利用するものも多いけど、企業システムで利用するようなサービスもたくさん出てきてるわ。最近よくいわれる「クラウド」ってやつね。

へー、クラウドね……。雲をつかむようなね……。

クラウド＝インターネットのことと思えばいいのよ。たとえば、ハードディスクのようなデータを格納するハードウェアが会社になくても、インターネットのどこかにデータディスクがあって、契約してそれを使ったらデータ格納のクラウドサービスってわけ。

新しい技術って、難しそうだけど……。

そうね、ちょっと難しいかもしれない。同じことを実現するにもいくつもの手段があったりするしね。本当はみんなで世界標準に合わせたほうがいいんだけど、MicrosoftやGoogleのような大手は、自社の技術体系に組み込むかたちで新技術を登場させていたりもするの。でも、実はあなたがWebページを毎日見ているときにも、使っているPCやWebサーバーでいろいろなプログラムが動いているのよ。
たとえば、キーワードを入れてWebショップで商品を検索するとしたら、そのキーワードに応じたWebページが生成されるわけじゃない。作っておいてあるだけの静的なWebページじゃそういうことはできないでしょ？ とくに、Webショップなどではリクエストに応じて動的にデータを作り出す方法が不可欠になっているのよ。

ふーん、なるほど。

じゃ、今日は現在のWebページを実現している要素技術について学んでみようね。

1 Webサービス

データ流通の自動化を実現したXML技術

「Webサービス」をインターネットで検索すると、この言葉がさまざまな意味で使われていることがわかります。Webでメールやスケジュール表、表計算などのアプリケーション機能を提供するなど、Webを通じて何らかのサービスを提供するという意味もありますが、ここで解説するのは、XML技術を中心に成り立つ**XML Webサービス**です。

XML Webサービスは、インターネットにおけるダイナミックな情報サービスを提供するために生まれました。たとえば、天気予報や株価のような変動する情報を扱う場合、最初は人間が情報を収集してHTMLデータにしてWebサイトにアップしていました。コンピュータがデータの種類を判別することができなかったからです。しかし、天気情報や株価のWebサイトからコンピュータが情報を選んで取得して、自動的にWebページを更新できたら大変便利です。それを実現するには、ネットワークを通じてコンピュータ同士が情報をやりとりできるインターフェイスと情報の意味を判別できるデータフォーマットを用意する必要があります。それがXML Webサービスという技術です。

コンピュータ（ソフトウェア）同士が情報をやりとりするプロトコルが**SOAP（Simple Object Access Protocol）**です。現在ではSOAPは略語ではなく、それ自体が単語になっています。SOAPという技術は、XML技術をベースとして作られたものです。

XML Webサービスでは、情報の構造と意味をコンピュータへ伝えるために、データはXML文書として作成されている必要があります。実際には、扱う情報の種類によってXMLを拡張したマークアップ言語によって記述されています。現在では、XML Webサービス技術によって行うデータ提供サービス自体を「Webサービス」という場合もあります。

XML WebサービスとSOAP

XML Webサービス

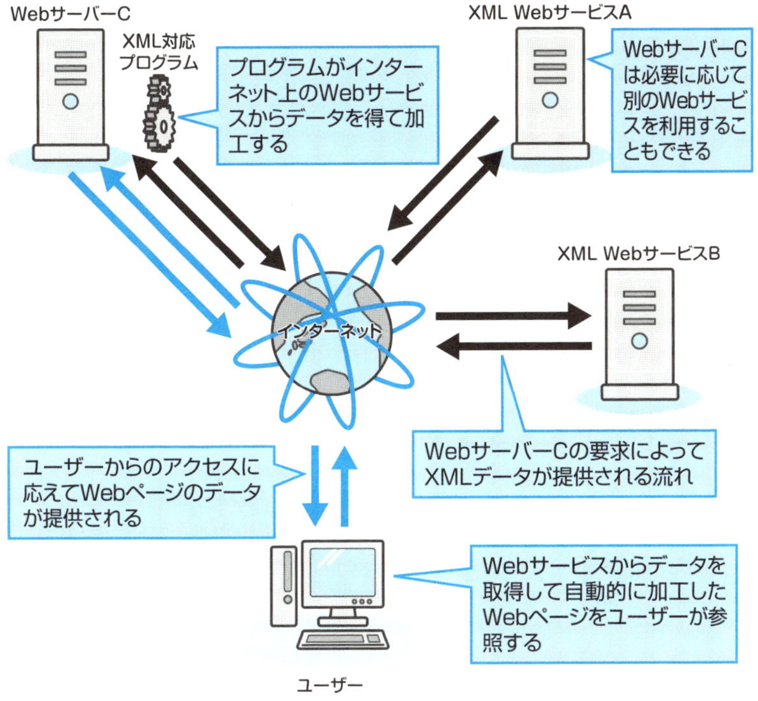

WebサーバーC
XML対応プログラム
プログラムがインターネット上のWebサービスからデータを得て加工する
XML WebサービスA
WebサーバーCは必要に応じて別のWebサービスを利用することもできる
XML WebサービスB
インターネット
WebサーバーCの要求によってXMLデータが提供される流れ
ユーザーからのアクセスに応えてWebページのデータが提供される
Webサービスからデータを取得して自動的に加工したWebページをユーザーが参照する
ユーザー

SOAPによる通信

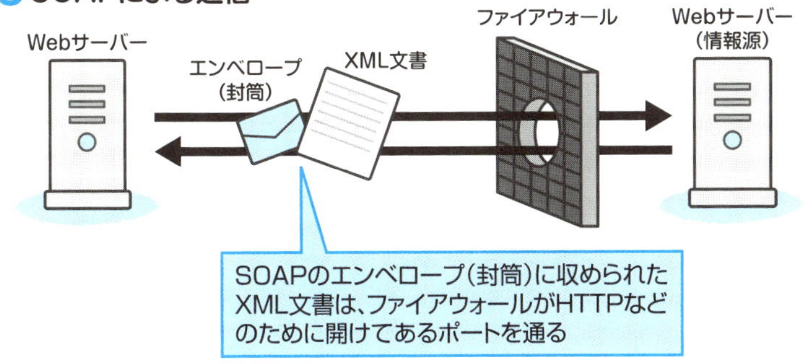

Webサーバー
エンベロープ（封筒）
XML文書
ファイアウォール
Webサーバー（情報源）
SOAPのエンベロープ（封筒）に収められたXML文書は、ファイアウォールがHTTPなどのために開けてあるポートを通る

chapter 3

サーバー間でデータをやりとりする技術

2 SOAP、WSDL

XML Webサービスを支えるプロトコル

XML Webサービスの目的は、コンピュータ同士がデータをやりとりして、人間にとって意味のある情報を提供することにあります。そのために、まず必要となるのがデータ通信のためのプロトコルです。**SOAP**は、Webサービスを提供する側のサーバーとサービスを利用する側のサーバーとの間で、サービスの要求や情報の受け渡しに関するルールとなっているものです。

SOAPは、Webの基本的なデータ受け渡しのルールであるHTTPのうえで役割を果たす仕組みになっています。SOAPの長所は、ベースとなるプロトコルがHTTPではなく、FTP(File Transfer Protocol)やSMTP(Simple Mail Transfer Protocol)であっても同じように使えるという拡張性にあります。

一方、Webサービス自体の仕様を説明するものとして**WSDL(Web Services Description Language)**があります。SOAPと同様、XML形式で表記されるWebサービス記述言語で、Webサービスの内容や提供されている場所やメッセージのフォーマットを記述できるプロトコルです。

SOAPもWSDLもXML形式に沿って厳密な書式が決めれられていますが、ソフトウェア開発者はそうしたルールを熟知していなくてもWebサービスが利用できるようになっています。ソフトウェア開発に利用するPHPやJavaなどの開発ツールが、あらかじめWebサービスを利用するためのライブラリ(よく使う汎用的なプログラムをまとめたもの)やツールを用意しているからです。それを利用することによって、Webサービスを利用するプログラムの一部が生成されます。

また、Webサービスが登場した2000年代初めには、UDDI(Universal Description, Discovery and Integration)というWebサービスの検索システムが重要な基盤技術とされていましたが、現在はほとんど利用されていません。

SOAPの仕組み

SOAPによるWebサービス

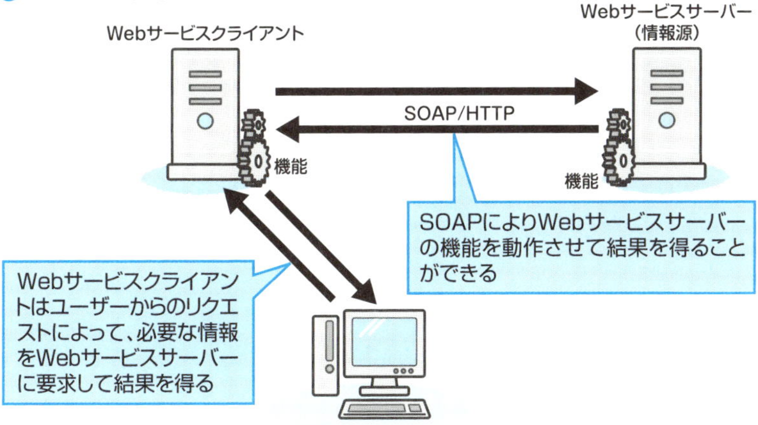
Webサービスクライアント
Webサービスサーバー
(情報源)
SOAP/HTTP
機能
機能
SOAPによりWebサービスサーバーの機能を動作させて結果を得ることができる
Webサービスクライアントはユーザーからのリクエストによって、必要な情報をWebサービスサーバーに要求して結果を得る

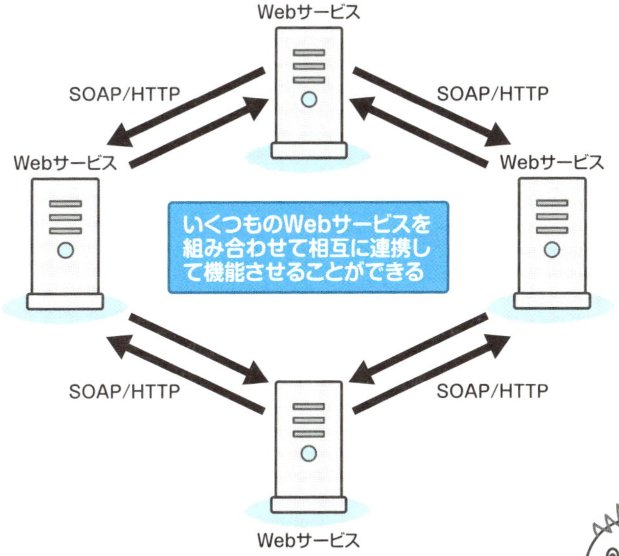
Webサービス
SOAP/HTTP
SOAP/HTTP
Webサービス
Webサービス
いくつものWebサービスを組み合わせて相互に連携して機能させることができる
SOAP/HTTP
SOAP/HTTP
Webサービス

WSDLはWebサービス内容を記述する

- Webサービスを提供している場所
- Webサービスのメッセージのフォーマット
- Webサービスのプロトコル、など

3 REST

URLをアクセスするだけでXMLデータを得る

Webサービスにおいて**REST（Representational State Transfer）**は、HTTP（42ページ参照）を使ってXMLデータを得るための手法です。RESTは、HTTP規格書の著者の1人であるロイ・フィールディングがWebの原理について書いた論文がもとになっており、明確に定義された手法ではありません。一方、SOAPは厳密な書式を持ち、HTTP以外のプロトコルをベースとしても利用できる拡張性があります。しかし、現実的にWebの開発で利用されているのはほとんどHTTPです。HTTPを使ってWebサービスのXMLデータを取得するRESTのほうが簡単なため、Webサービスの利用において多用されています。

RESTでは、HTTPによってWebブラウザがHTMLデータを得るのと同じように、相手先のURLにアクセスすることでXMLデータを得ることができます。そのため、サービスの存在を簡単に確認することができ、シンプルな操作で利用することができます。

実際のWebサービスにおいては、それを利用するためにさまざまな手段が提供されています。HTMLだけで利用できるWebサービスもあります。また、多くのWebサービスの提供者は、いろいろな開発言語のためにライブラリを提供しています。開発者は開発ツールが備えているライブラリやツールと合わせて、Webサービスのライブラリを利用することで、RESTやSOAPを意識することなくWebサービスを利用できます。

では、RESTとSOAPはどのように使い分けられるのでしょうか。シンプルで手軽に利用できるのがRESTであり、厳密な定義を必要とする場合はSOAPが向いているといわれます。次項で説明するようなSOAに基づいた大規模で複雑なシステムを構築する場合は、SOAPが適しているといわれています。

HTTPでXMLデータを取得するためのREST

RESTはHTTPのメソッドを利用する

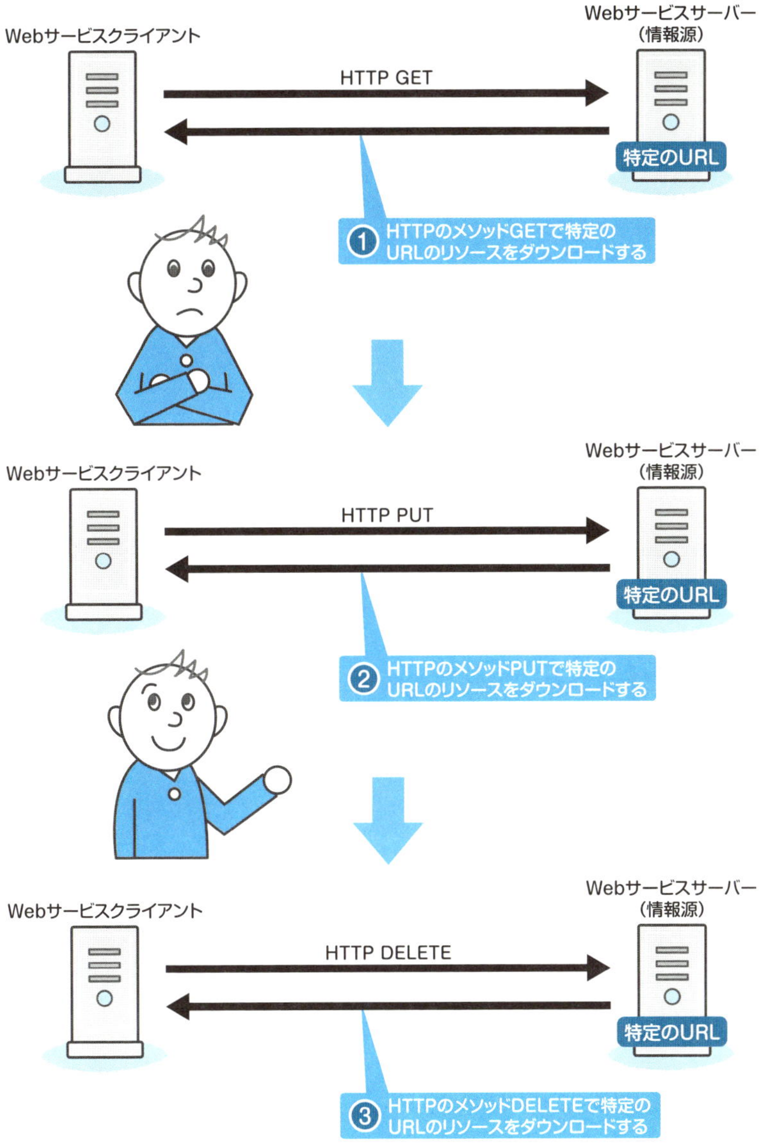
Webサービスクライアント
Webサービスサーバー
(情報源)
HTTP GET
特定のURL
① HTTPのメソッドGETで特定の
URLのリソースをダウンロードする
Webサービスクライアント
Webサービスサーバー
(情報源)
HTTP PUT
特定のURL
② HTTPのメソッドPUTで特定の
URLのリソースをダウンロードする
Webサービスクライアント
Webサービスサーバー
(情報源)
HTTP DELETE
特定のURL
③ HTTPのメソッドDELETEで特定の
URLのリソースをダウンロードする

chapter 3 サービス指向アーキテクチャとは

4 SOA

ビジネスプロセスを処理単位に部品化

SOA（Service Oriented Architecture：サービス指向アーキテクチャ）は、大規模なシステム構築の概念、手法として提唱され注目されています。XML Webサービスとの親和性が高いシステム概念として取り上げられることもよくあります。サービス指向とは、再利用可能なソフトウェアコンポーネント（部品）をサービス単位にまとめることを意味しており、「注文」や「在庫確認」などのビジネスプロセスの処理単位がサービスにあたります。サービスは外部のコンピュータからもWSDLのような標準的なインターフェイスによって呼び出すことが可能です。

ソフトウェアコンポーネントの利用や分散処理により大規模システムを構築するという考え方は、あまり新しいものではありません。たとえば、Microsoftが提唱したDCOM（Distributed Component Object Model）は、分散システムを構築するためのコンポーネント指向のシステムでした。しかし、Windowsシステムを中心としたものであったことなどから、異なったシステムが混在するインターネット環境では普及しませんでした。

2000年代半ばから注目されたSOAは、コンポーネントを組み合わせてサービスを構築し、そのサービス単位にシステムを構成し、サービスの切り離しや追加が可能な柔軟なシステムです。そして、SOAのサービスはWebサービスとして外部から呼び出すことが可能であり、また外部のSOAサービスを取り入れて利用することもできます。

Webサービスはインターネット環境において、標準的なインターフェイスを持った存在として、SOAとの関連性が取り上げられています。SOAにおいては、ネットワーク上で標準的なインターフェイスを実現するために、SOAPやWSDLなどXMLを基盤にした技術が取り入れられています。

SOAの仕組みと機能

SOAは標準的なインターフェイスを使用する

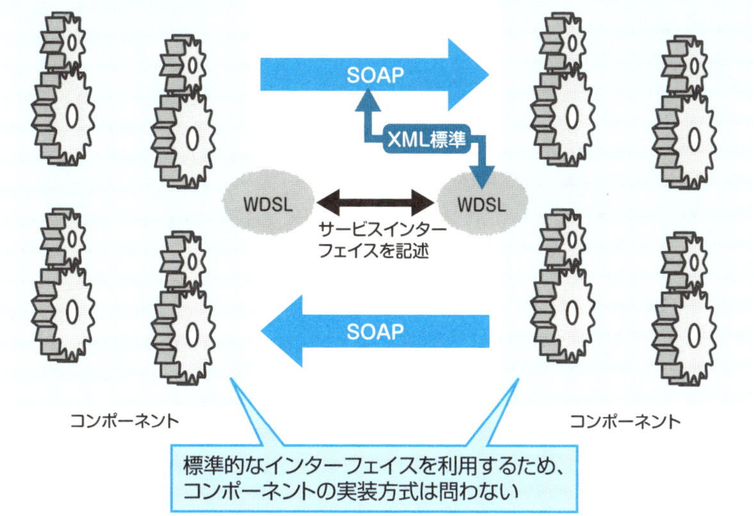
SOAP
XML標準
WDSL
WDSL
サービスインターフェイスを記述
SOAP
コンポーネント
コンポーネント
標準的なインターフェイスを利用するため、コンポーネントの実装方式は問わない

サービスの組み換えや統合ができるSOA

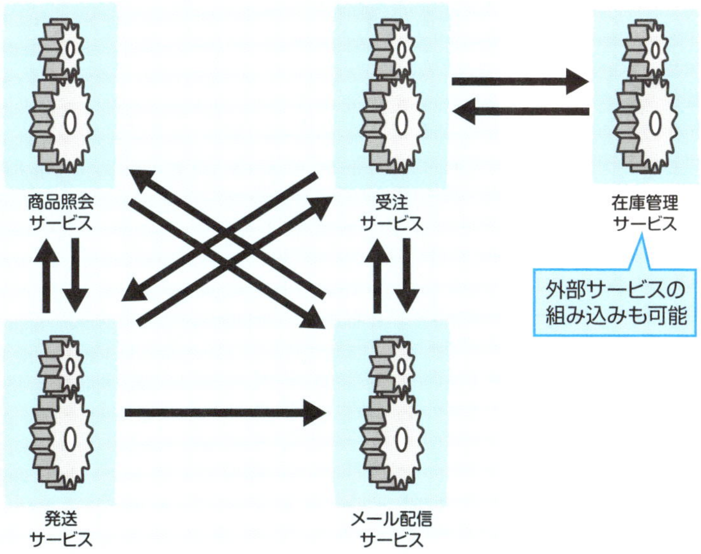
商品照会サービス
受注サービス
在庫管理サービス
外部サービスの組み込みも可能
発送サービス
メール配信サービス

chapter 3 プログラムがWebを利用するために

5 Web API

Webで公開されている機能を利用するための手段

大手Webサイトの地図機能や検索機能、レストランのデータベースなどを自社サイトで利用できたら、Webページの見栄えが向上し利便性も高まります。現在、GoogleやYahoo! JAPANのような大手サイトをはじめ、多くのWebサイトが自サイトの機能を外部で利用できるように公開しています。そして、それを利用できるようにするのがWeb APIです。機能を公開して**Web API**を提供することを「Webサービス」と呼ぶ場合もあります。

APIは「Application Program Interface」の略で、ソフトウェアの開発者がほかのソフトウェアやハードウェアが提供している機能を利用するときに使うインターフェイスを指します。APIはソフトウェアを開発するときに普通に使われている手法です。たとえば、Windows APIはWindowsが持っているウィンドウを描画したり、メニューを出したりするなどの基本的な機能を提供しています。それによって、ソフトウェア開発者はプログラムを一から作り上げる必要がないため、効率的に開発を行えます。

Web APIではHTTPプロトコルを利用して、ネットワーク経由で提供されている機能を呼び出します。JavaScriptやParlなどのプログラムからURLで接続先を指定して書式通りにデータを送ることで、結果を受け取ることができます。データはXMLなどの広く使われているデータフォーマットでやりとりするため容易に利用可能です。データの内容は、リクエストに応じた検索結果であったり、地図データであったり、お店のデータであったりします。

Web APIで提供されている機能は実に多様です。大手では、Googleの検索やマップ情報など、Yahoo! JAPANの検索やオークションなど、YouTubeの動画、Flickrの写真などがよく知られていますが、まだまだ多数のWeb APIが提供されています。

Web APIを使ってWebサービスを作る

プログラムが必要なデータを要求する

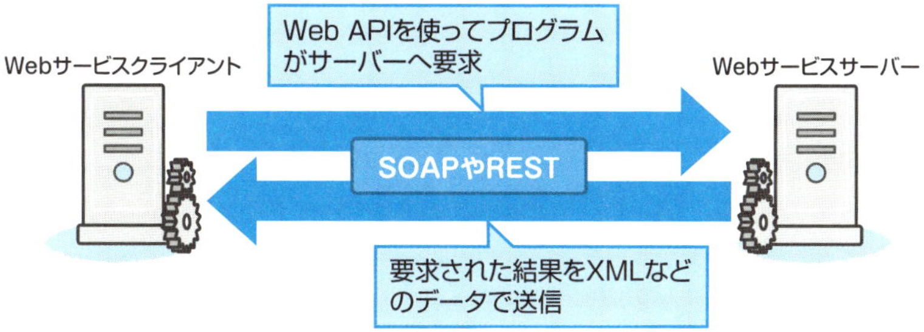
Webサービスクライアント
Web APIを使ってプログラムがサーバーへ要求
Webサービスサーバー
SOAPやREST
要求された結果をXMLなどのデータで送信

必要なAPIを使ってプログラムを作る

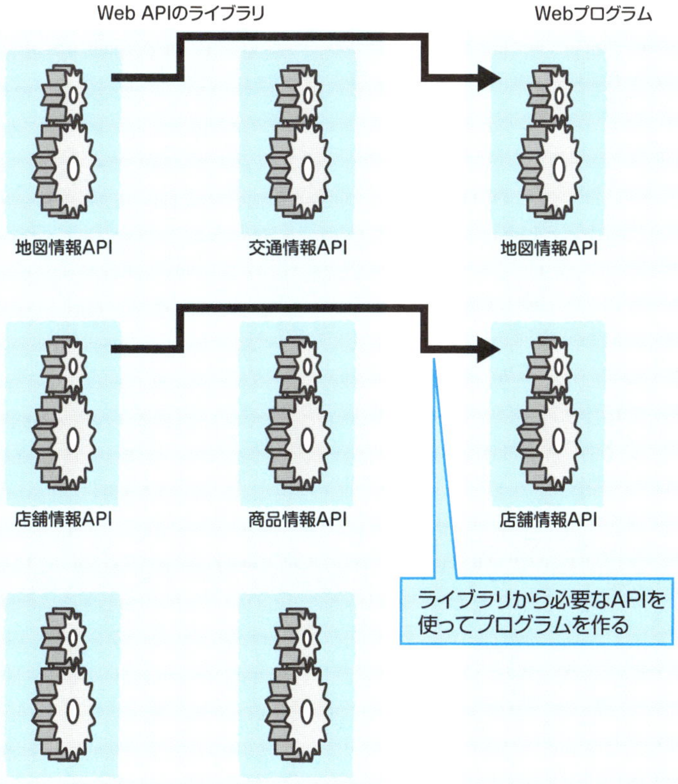
Web APIのライブラリ
Webプログラム
地図情報API
交通情報API
地図情報API
店舗情報API
商品情報API
店舗情報API
ライブラリから必要なAPIを使ってプログラムを作る

chapter 3 Googleの機能を利用する

6 Google Web API

機能や開発言語別に多様なAPIを用意

検索エンジンとしてまず知られるGoogleは、Googleマップ、アドセンス、アドワーズ、YouTubeなど多様なサービスを提供するようになっています。これらのサービスは、その多くがWeb APIやツールによってソフトウェア開発者に対しても提供されています。

よく利用されているGoogleのWebサービスにGoogleマップに関連したものがあります。このサービスは、**Google Maps APIファミリー**として、機能や開発言語によって、次のようなものが用意されています。

Maps JavaScript API：JavaScriptによってGoogleマップをWebページに埋め込んで操作することが可能になります。

Maps for Flash：FlashのActionScriptを使ってGoogleマップをWebページやアプリケーションに埋め込みます。

Google Earth API：3D地球儀であるGoogle EarthをWebページに埋め込むことができます。

Static Maps API：Googleマップの画像をWebページに埋め込むことができます。開発言語は必要ありません。

Webサービス：URLを指定してリクエストすることでXMLやJSON形式でデータを得ることができます。

Maps Data API：地図データをGoogle Data APIフィード形式で保存、更新できます。

Googleマップに関するWebサービスはごく一部であり、Googleが開発者向けに用意したGoogle CodeというWebサイトでは豊富な機能を見ることができます。Google Codeでは、APIやツールだけでなく、技術情報、開発者向けイベントやコミュニティの情報を提供しています。

いろいろあるGoogle Web API

Google Maps APIファミリー

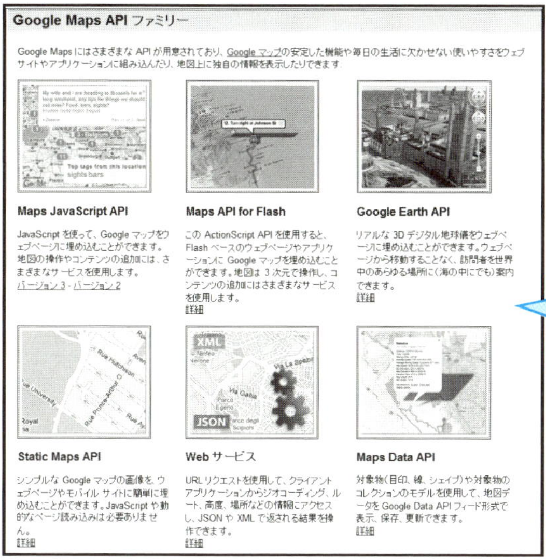
Google Maps API ファミリー
Google Maps にはさまざまな API が用意されており、Google マップの安定した機能や毎日の生活に欠かせない使いやすさをウェブサイトやアプリケーションに組み込んだり、地図上に独自の情報を表示したりできます
Maps JavaScript API
JavaScript を使って、Google マップをウェブページに埋め込むことができます。地図の操作やコンテンツの追加には、さまざまなサービスを使用します。
バージョン 3 - バージョン 2
Maps API for Flash
この ActionScript API を使用すると、Flash ベースのウェブページやアプリケーションに Google マップを埋め込むことができます。地図は 3 次元で操作し、コンテンツの追加にはさまざまなサービスを使用します。
詳細
Google Earth API
リアルな 3D デジタル地球儀をウェブページに埋め込むことができます。ウェブページから移動することなく、訪問者を世界中のあらゆる場所に(海の中にでも)案内できます。
詳細
Static Maps API
シンプルな Google マップの画像を、ウェブページやモバイル サイトに簡単に埋め込むことができます。JavaScript や動的なページ読み込みは必要ありません。
詳細
Web サービス
URL リクエストを使用して、クライアント アプリケーションからジオコーディング、ルート、高度、場所などの情報にアクセスし、JSON や XML で返される結果を操作できます。
詳細
Maps Data API
対象物(目印、線、シェイプ)や対象物のコレクションのモデルを使用して、地図データを Google Data API フィード形式で表示、保存、更新できます。
詳細

目的や手段によってさまざまなかたちでGoogleマップを利用できる

Google Codeには膨大な開発者用リソースが用意されている

ソフトウェア開発者向けのページでは60以上のリンクが表示される

Google code
検索
サイト ディレクトリ
プロダクト
すべて
広告
AJAX
ブラウザ
Geo
プロダクト API
検索
ソーシャル
Labs
リソース
オープンソース
教育
イベント
高速化
Google アカウント認証
デスクトップ アプリケーションやモバイル アプリケーションにアクセスできるようにします。
グループ
Google AdSense API
Web サイトに広告を掲載して、収益を上げることができます。
ドキュメント - ブログ - グループ
Google AdWords API
キャンペーン管理を自動化、効率化します。
ドキュメント - ブログ - グループ
Google AJAX API
コンテンツが豊富で動的な Web サイトを JavaScript と HTML だけで実装します。
ドキュメント - ブログ - グループ
Google AJAX Feed API
JavaScript を使用して公開フィードを簡単にマッシュアップします。
ドキュメント - ブログ - グループ
Google AJAX Language API
JavaScript のみを使って、複数言語を簡単に翻訳、検知します。
ドキュメント - ブログ - グループ
Google AJAX Search API
サイトに Google 検索ボックスを組み込むことができます。
ドキュメント - ブログ - グループ
Google Analytics
サイトのトラフィックを追跡し、Google Data API フィード形式の Analytics データを使用する独自のクライアント アプリケーションを作成できます。
ドキュメント - ブログ - グループ
Google Friend ConnectAPI(Labs)
Google Friend Connect 用の JS と REST/RPC API です。
ドキュメント - ブログ - グループ - Labs
Gadgets API
iGoogle、Google デスクトップ、その他の Web ページなどの各種サイトで動作するミニ アプリケーションを作成します。
ドキュメント - ブログ - グループ
Gears(Labs)
コンピュータや携帯端末上で、Web アプリケーションをオフラインで使用できるようにします。
ドキュメント - ブログ - グループ - Labs
Google Health API
Google で健康管理を行います。
ドキュメント - グループ
iGoogle デベロッパー ホーム(Labs)
iGoogle の新しいサンドボックスでガジェットを構築、テストできます。
ドキュメント - ブログ - グループ - Labs
iGoogle Themes API(Labs)
iGoogle ホームページ用の動的テーマをデザインします。
ドキュメント - Labs
KML
Google Earth、Google マップ、モバイル版 Google マップを使用してコンテンツを作成し、共有します。
ドキュメント - ブログ - グループ
Google マプレット
Google マップ サイト内に組み込むミニ アプリケーションです。
ドキュメント - ブログ - グループ

chapter 3 Amazonの機能を利用できる

7 Amazon Webサービス

商品情報だけでなく、本格的なシステムインフラを提供

書籍販売サイトとして知られ、いまや巨大なECサイトとなったAmazonも豊富な機能を持ったWebサービスを提供しています。**Amazon Webサービス(AWS)**は、通信手段としてRESTとSOAPが利用可能で、SOAPを利用する場合にもさまざまなツールキットが用意され、それを利用することで簡単にAWSを使うことができます。

AWSでは、Amazonの技術プラットフォームを利用してシステムインフラを提供するWebサービスに力を入れています。代表的なものをいくつかあげると次のようになります。以下の3つは有料(一部無料)のシステムインフラサービスです。

Amazon Elastic Compute Cloud：必要に応じてコンピュータ処理能力を提供します。
Amazon CloudFront：高速なコンテンツ配信を実現します。
Amazon SimpleDB：管理負担の軽いデータベースサービスです。

一方、Amazonアソシエイトプログラムとして知られていたAmazonの商品を紹介して成功報酬を得る仕組みは、現在、Product Advertising APIとしてその機能が提供されています。Product Advertising APIに登録しAPIを利用することによってAmazonの商品情報をWeb上で紹介できます。しかし、紹介した商品が売れた場合に成功報酬を得るためには、Amazonアソシエイトプログラムへの登録も必要になります。

Product Advertising APIにより書籍や家電、衣料など数百万点といわれるAmazonの商品データへのアクセスが可能になり、商品の詳細情報や関連情報を得ることができます。このAPIを利用することで、特定の商品だけでなく、Amazonの商品を検索してリンクする機能も実現することが可能です。

豊富な機能を持つAmazon Webサービス

Amazon Web Services (Amazon Webサービス)

Amazon Webサービスは、企業向けの本格的クラウドサービスであり、Product Advertising APIとは別のもの

機能	サービス名
コンピュータ処理	Amazon Elastic Compute Cloud (EC2) Amazon Elastic MapReduce Auto Scaling
コンテンツ配信	Amazon CloudFront
データベース	Amazon SimpleDB Amazon Relational Database Service (RDS)
eコマース	Amazon Fulfillment Web Service (FWS)
メッセージング	Amazon Simple Queue Service (SQS) Amazon Simple Notification Service (SNS)
モニタリング	Amazon CloudWatch
ネットワーク	Amazon Route 53 Amazon Virtual Private Cloud (VPC) Elastic Load Balancing
支払いと請求	Amazon Flexible Payments Service (FPS) Amazon DevPay
ストレージ	Amazon Simple Storage Service (S3) Amazon Elastic Block Storage (EBS) AWS Import/Export
サポート	AWS Premium Support
ウェブトラフィック	Alexa Web Information Service Alexa Top Sites
オンデマンド ワークフォース	Amazon Mechanical Turk

アマゾンのProduct Advertising APIとアソシエイトプログラム

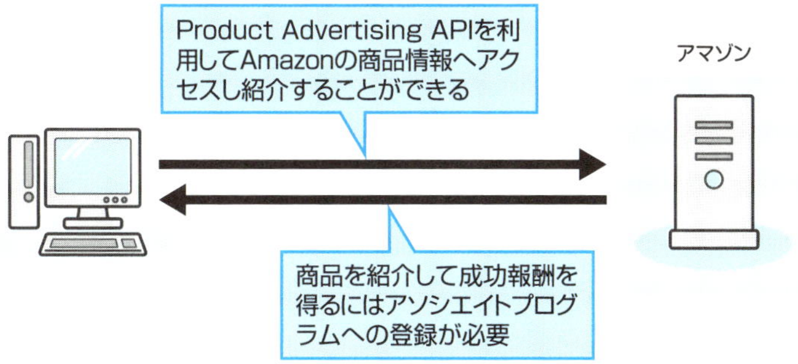

Product Advertising APIを利用してAmazonの商品情報へアクセスし紹介することができる
アマゾン
商品を紹介して成功報酬を得るにはアソシエイトプログラムへの登録が必要

chapter 3 複数のWebサービスを組み合わせる

8 マッシュアップ

独自のインターフェイスで便利なサイトを構築できる

マッシュアップ（mashup）は、「混ぜ合わせる」というような意味で、Webサービスで得たいくつもの機能をひとつのWebサイト上にまとめて表示することを指します。2000年代後半になって多くのマッシュアップサイトが登場してきました。その原因として、GoogleやYahoo! JAPANなどの大手サイトを中心に、多くのWebサイトがその機能をWebサービスとして外部から利用できるようにしたことがあげられます。

Web開発者は、膨大なデータベースを一から構築したり、多くの労力をかけてプログラムを開発しなくても、豊富な機能を入手できるようになりました。マッシュアップの本質は、APIによって得るデータや機能と、それを表示するユーザーインターフェイスが分離されている点にあるといわれています。

Webサービスでは、APIを利用することなどによって、XMLデータを得ることができます。入手したXMLデータを解析して、表示するユーザーインターフェイスを独自に構築することで、Webサービスのオリジナルサイトで表示しているのとは異なった見かけにすることもできます。Googleマップを利用して、別のサイトから取得したショップなどのデータを組み合わせてマッシュアップすることも行われています。

Webサービスについて幅広く調査し、その機能を把握したうえで、組み合わせによって新しいサービスを提供するWebサイトを構築することができます。アイデア次第で注目されるWebサイトを作り上げられる可能性があるため、数多くのマッシュアップサイトが登場しています。

マッシュアップサイトではWebサービスを組み合わせるアイデアも重要な要素になりますが、複数の機能を組み合わせても煩雑にならず、わかりやすく操作しやすいユーザーインターフェイスの設計が不可欠であるといえます。

マッシュアップの仕組み

マッシュアップの一例

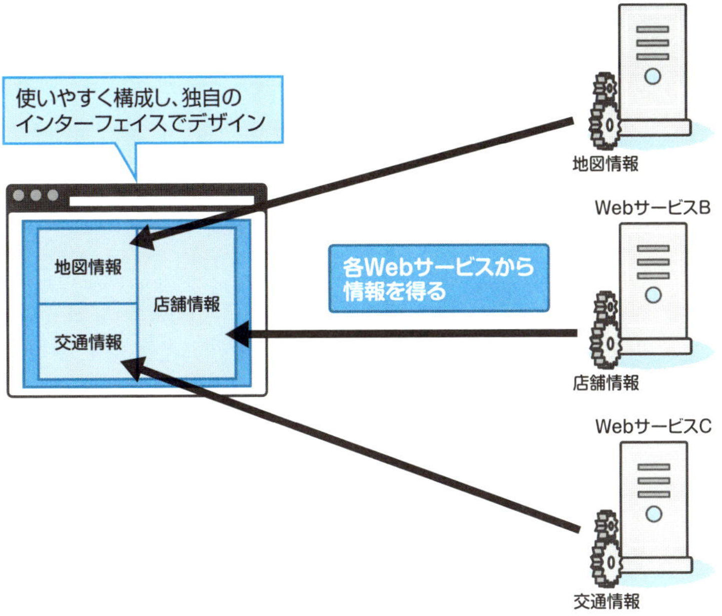
使いやすく構成し、独自の
インターフェイスでデザイン
地図情報
店舗情報
交通情報
各Webサービスから
情報を得る
WebサービスA
地図情報
WebサービスB
店舗情報
WebサービスC
交通情報

マッシュアップで作られたWebサイトの例

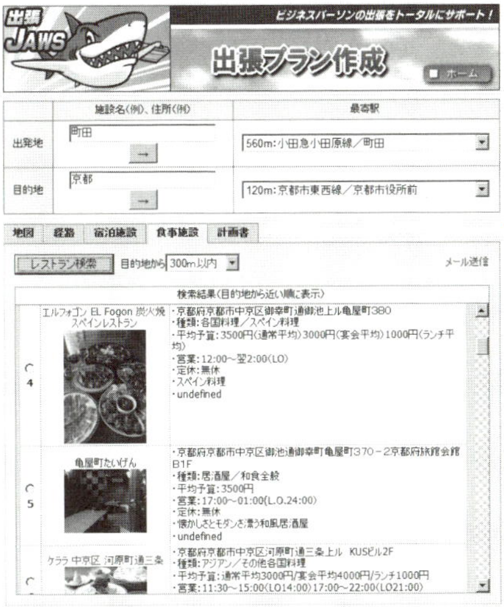

アイデア次第で注目される
Webサイトを作り上げられる

9 CMS

Webサイトの管理をシンプルに

CMS（Content Management System：コンテンツ管理システム）は、文書やイメージデータなどを管理するシステムを意味し、企業のドキュメント管理システムなどもCMSのひとつと考えられます。

ここで取り上げるのはWebサイトのCMSで、これには文書やイメージなどの原稿データだけでなく、HTMLやCSSなどWebページを構成する要素も含まれています。WebのCMSにもさまざまなかたちがあります。あらかじめサーバーにCMSソフトウェアをインストールしておき、Webブラウザで文書などのデータを入力するタイプ、コンテンツをクライアントのCMS専用エディタでまとめてアップロードするタイプ、またASP（Application Service Provider）としてWebでサービスを提供するタイプもあります。

CMSの目的はWebサイトの管理をシンプルにすることにあります。原稿にHTMLのタグをつけ、CSSを書いて、リンクや表示の確認を行ってサーバーにアップロードするという作業は、少人数のWeb担当者だけでやっているうちは管理可能でも、Webサイトの内容が豊富になり、コンテンツを作成するメンバーが増えると統制をとるのが難しくなります。

Webページのデザインを記事の種類ごとにパターン化しておいて、コンテンツの担当者は原稿やイメージなどをCMSを通じて提供するだけにすれば、コンテンツ担当者はHTMLやCSSの知識があまり必要ありません。また、Webページの品質も保持できます。

Webブラウザから原稿を入力するだけでWebページのかたち になるWeb上のブログサービスなどは、典型的なCMSの例といえます。また、最近では電子書籍を作成して、管理するようなCMSも登場しています。

CMSによるWebサイトの管理

ブログもCMS

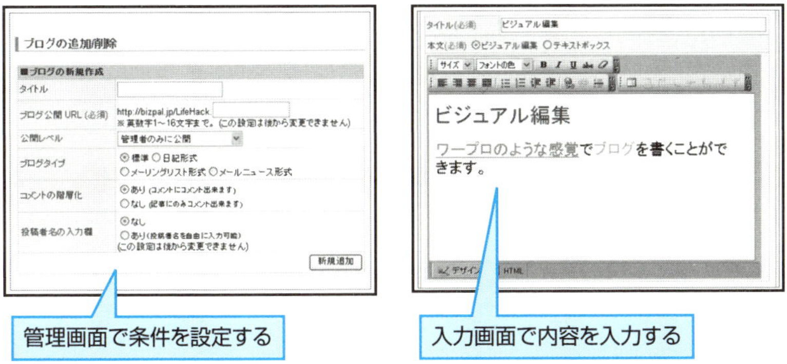

CMSの構成

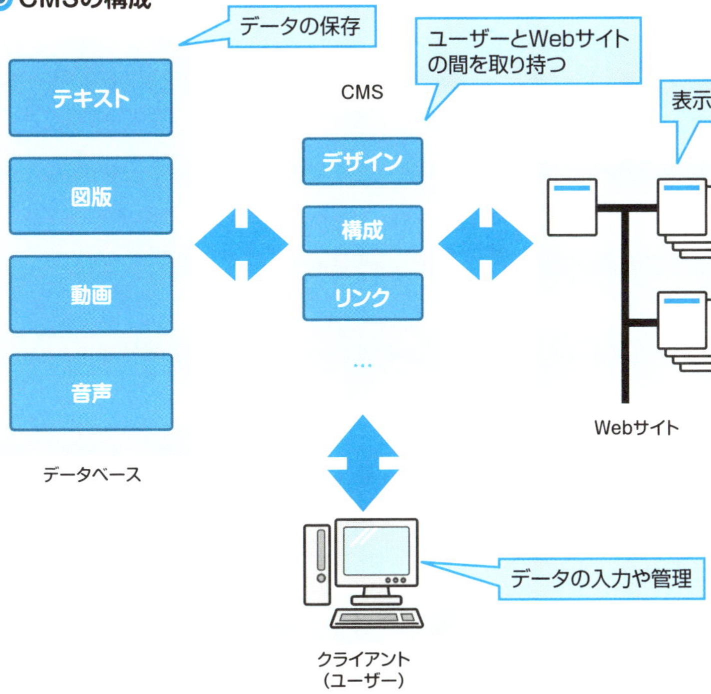
データの保存
テキスト
図版
動画
音声
データベース
CMS
ユーザーとWebサイトの間を取り持つ
デザイン
構成
リンク
…
表示
Webサイト
データの入力や管理
クライアント
（ユーザー）

10 スクリプトとプログラミング

スクリプトは比較的簡易な開発言語

コンピュータを利用するためには、プログラミング言語でソフトウェアを開発する必要があります。プログラミング言語のうちで比較的簡易なものを**スクリプト言語**と呼びます。プログラムをまとめて機械語に翻訳するという、コンピュータ上でプログラムを実行するための手順を踏まなくても利用できるのがスクリプト言語です。スクリプトの実行には、Webブラウザやサーバーに導入されているソフトウェアの機能を利用します。

Webサイトの開発にあたっては、そのようなスクリプト言語がよく利用されます。Webのスクリプトでは、サーバー側で実行されるものを**サーバーサイドスクリプト**、クライアントのWebブラウザ側で実行されるものを**クライアントサイドスクリプト**と呼びます。

クライアントサイドスクリプトの代表的なものとして**JavaScript**があり、主なWebブラウザが対応しています。クライアントサイドスクリプトはHTMLファイルの中に記述されていますから、WebブラウザがHTMLファイルを読み込んでしまえば、サーバー側に負荷はかかりません。ユーザーが入力したデータを簡単にチェックするなどの目的に向いています。

サーバーサイドスクリプトは、Webサイトの利用が一般的になりはじめた初期に登場してきました。ユーザーに会員登録をしてもらいメールニュースを送ったりするサービスが必要になったからです。名前や住所を登録するWebブラウザの画面の先では、サーバーサイドスクリプトが動作しているというわけです。サーバーサイドでは、**Perl(CGI)**、**Javaサーブレット**、**PHP**や**ASP**などが利用されています。

現在では、サーバー側で動的にWebページを生成したり、高度なデータ処理を行うためにスクリプトが利用されています。

2種類あるスクリプト

◎クライアントサイドスクリプト

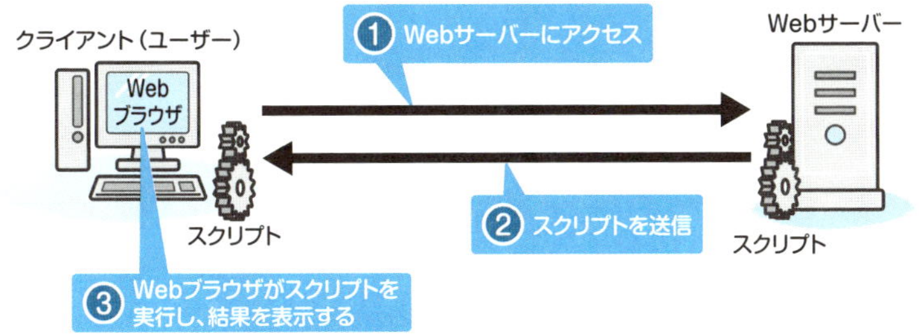
クライアント（ユーザー）
Web
ブラウザ
スクリプト
① Webサーバーにアクセス
② スクリプトを送信
Webサーバー
スクリプト
③ Webブラウザがスクリプトを
実行し、結果を表示する

代表的なクライアントサイドスクリプト

・JavaScript

主な用途

・ユーザーが入力したデータをチェックする

◎サーバーサイドスクリプト

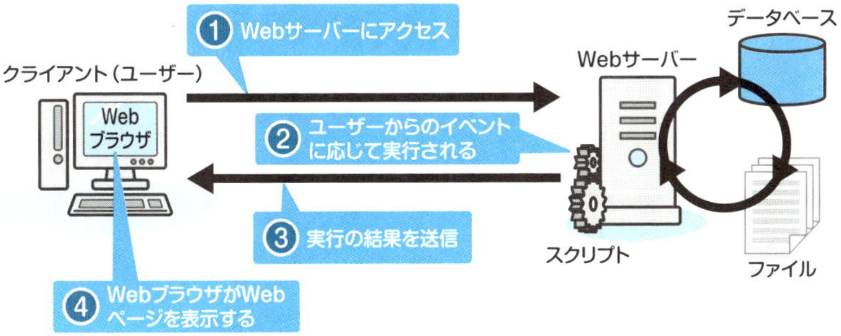
① Webサーバーにアクセス
クライアント（ユーザー）
Web
ブラウザ
② ユーザーからのイベント
に応じて実行される
③ 実行の結果を送信
④ WebブラウザがWeb
ページを表示する
Webサーバー
スクリプト
データベース
ファイル

代表的なサーバーサイドスクリプト

・Perl（CGI）
・Javaサーブレット
・PHP
・ASP

主な用途

・サーバー側で動的にWebページを生成する
・高度なデータ処理

11 データベース

Webビジネスの背後には必ずデータベースがある

データベースは、コンピュータ用語としてもっとも広く知られているものです。データを整理してコンピュータシステムに収納しておく技術は、コンピュータ利用の発展とあゆみをひとつにしてきました。

ショップサイトの商品や顧客データ、銀行の顧客・預金データなど、定型的なデータは、ほとんどがデータベースとして格納されています。多様なWebビジネスの背景には必ずデータベースが存在します。また、Webサイトをユーザーの求めに応じて動的なものにするためにも、データベースの存在が欠かせません。Webサイトではユーザーの要求に応じて、データベースから必要な情報を取り出して、リクエストに対応した情報によってWebページを生成してWebブラウザに返すことができます。

データベースは、**DBMS（データベース管理システム）**によって管理されています。DBMS製品であるOracle DatabaseやMicrosoftのSQL Server、IBM DB2などは、大容量データを高速に処理する機能を競っています。いずれも、複数のテーブル（表）を関連づけてデータを管理するリレーショナルデータベースに分類されます。

XML形式のデータの利用が広まるとともに、前述の主要なDBMS製品もXMLデータに対応しています。また、XMLの構造をそのままデータ構造に反映させたXMLデータベースも登場しています。XML Webサービスなども XMLデータを収納したデータベースの存在によって成り立っているといえます。

XML技術をベースとしたWebシステムは、コンピュータ同士が通信をして、自動的に人間にとって有用な情報を提供するという方向に進んでいます。データベースもその不可欠な要素としてWebとともに発展しています。

Webサイトには必須のデータベース

◎Webの機能の多くはデータベースに頼っている

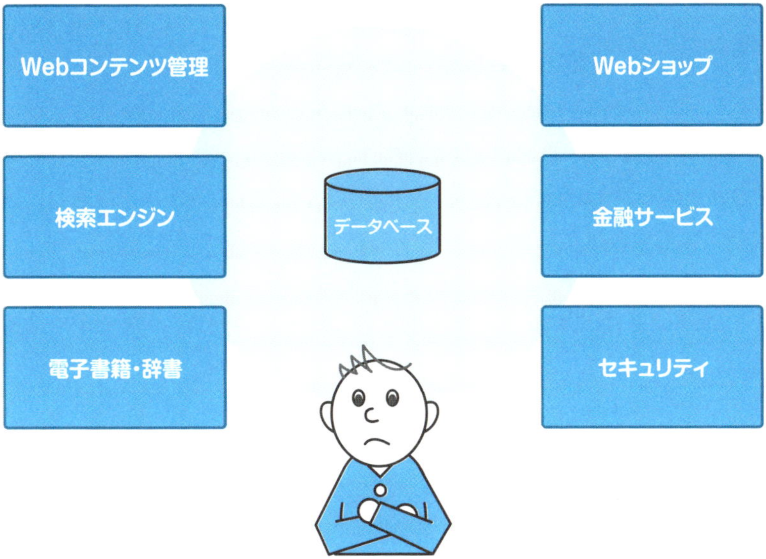
Webコンテンツ管理
検索エンジン
電子書籍・辞書
データベース
Webショップ
金融サービス
セキュリティ

◎データベース自体の機能

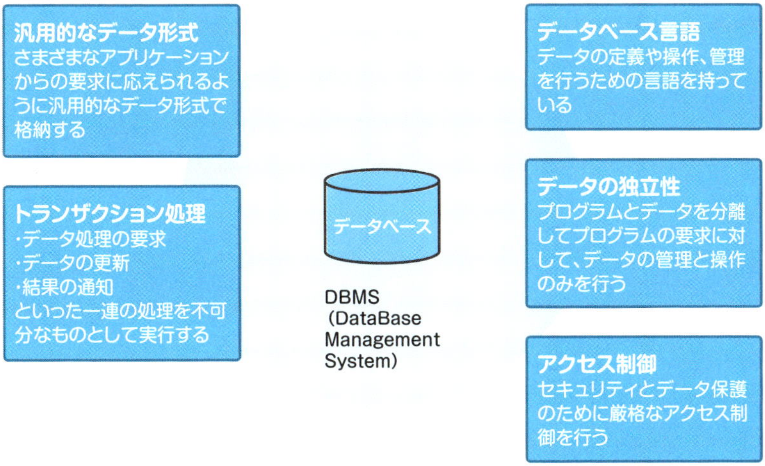
汎用的なデータ形式
さまざまなアプリケーションからの要求に応えられるように汎用的なデータ形式で格納する
トランザクション処理
・データ処理の要求
・データの更新
・結果の通知
といった一連の処理を不可分なものとして実行する
データベース
DBMS
(DataBase Management System)
データベース言語
データの定義や操作、管理を行うための言語を持っている
データの独立性
プログラムとデータを分離してプログラムの要求に対して、データの管理と操作のみを行う
アクセス制御
セキュリティとデータ保護のために厳格なアクセス制御を行う

chapter 3

12 JavaScript

広く使われているクライアントスクリプト

Webブラウザがスクリプトの実行をサポートしている

JavaScriptは、主なWebブラウザでその機能がサポートされているためにクライアントサイドスクリプトとして広く利用されています。名前に「Java」とついていますが、プログラミング言語のJavaとは別のものです。

JavaScriptは、基本的に**インタプリタ型の言語**で、インタプリタが組み込まれたWebブラウザがJavaScriptを解釈しコンピュータに理解できるよう逐次通訳します。また、**JIT（Just in time）コンパイラ**という方式で実行時にまとめて翻訳される方式も利用されています。

JavaScriptは、主なWebブラウザがサポートしていますが、その内容に微妙な差があり、開発者がWebブラウザによる解釈の違いに対応するのが大変であったため、利用が控えられるという時期もありました。しかし、Googleなどの大手Webサイトが積極的にJavaScriptを利用したために、今日では一般的なクライアントサイドスクリプト言語になっています。

JavaScriptを使うことで、Webページを時間によって変化するものにしたり、ユーザーの操作によって内容や表示を変えたりと、動的なものにすることができます。また、Webのユーザー登録画面などでメールアドレスを2回入力することがありますが、それが一致しているかなどの照合も行うことができます。

Webサイトが高機能化してサーバー側の負荷が大きくなる中で、サーバーに影響を与えないでクライアント側で動作するスクリプトはますます活躍の場が増えていきそうです。

また、JavaScriptの利用が広がることで、Webブラウザ間の微妙な差異をカバーするライブラリや、視覚的な効果を得られるライブラリが利用できるようになるなど、利用環境の整備も進んでいます。

WebブラウザでJavaScriptが動く

JavaScriptの例

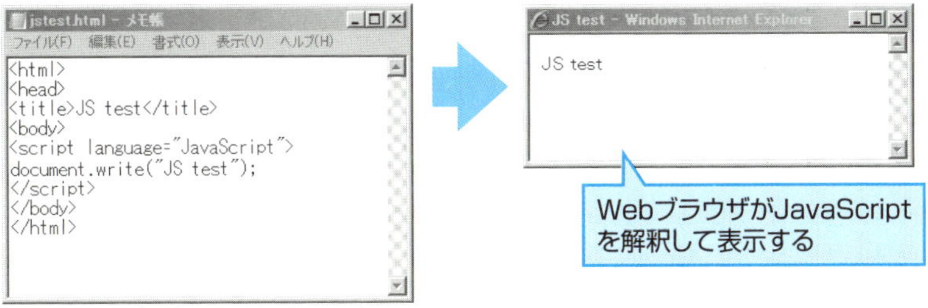

JavaScriptが記述されたHTMLファイル

JavaScriptの働き

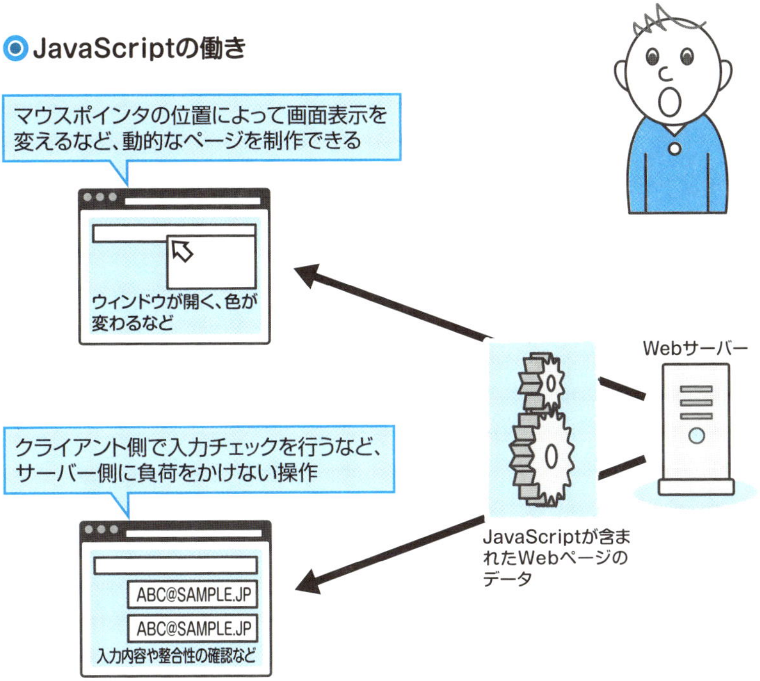
マウスポインタの位置によって画面表示を変えるなど、動的なページを制作できる
ウィンドウが開く、色が変わるなど
クライアント側で入力チェックを行うなど、サーバー側に負荷をかけない操作
ABC@SAMPLE.JP
ABC@SAMPLE.JP
入力内容や整合性の確認など
Webサーバー
JavaScriptが含まれたWebページのデータ

chapter 3 高度な表現を実現する

13 Ajax、JSON

Googleマップで使われて注目を浴びたAjax

Ajaxとは、Asynchronous（非同期）JavaScript + XMLを略したもので、特定のスクリプトや技術を表すものではなく、非同期にデータのリクエストを可能にする技術の総称です。

従来、WebブラウザがWebページのデータを読み込んだ後に、新しいデータをリクエストするとその結果はWebページとして返ってくるため、ページ全体を再表示する必要がありました。それが**同期通信**です。Ajaxでは、特定のURLからXMLデータを読み込む機能を利用して、一部分だけを読み込んで再表示することが可能となります。これが**非同期通信**といわれるものです。

Ajaxは、Googleマップで利用されたため一躍有名になりました。Googleマップでは、手元にあるデータを操作するように地図上を移動したり、拡大縮小できますが、実際にはサーバーのデータを読み込んでいることになります。また、Googleが提供しているGmailのようなメールクライアントでもAjaxが採用されています。

JavaScriptと関連した技術として、**JSON（JavaScript Object Notation）**があります。JSONはスクリプト言語ではなくデータ記述言語です。JavaScriptの表記法を応用して作られたページ記述言語であり、XMLより簡潔に構造化されたデータを記述することができます。

AjaxもJSONもJavaScriptをベースとしているため親和性が高く、AjaxでJSONのデータを取得するという使い方がされます。GoogleマップのWebサービスでもXMLとJSONの両方でデータが提供されています。

JSONで記述されたデータはJavaScriptだけでなく、PHP、Perl、Javaなど多くのプログラミング言語で利用できます。XMLと比べるとJSONのほうがデータが軽量であるため、Webでの利用に適しているといわれます。

AjaxとJSONの特長

Ajaxは非同期で必要な部分だけ更新できる

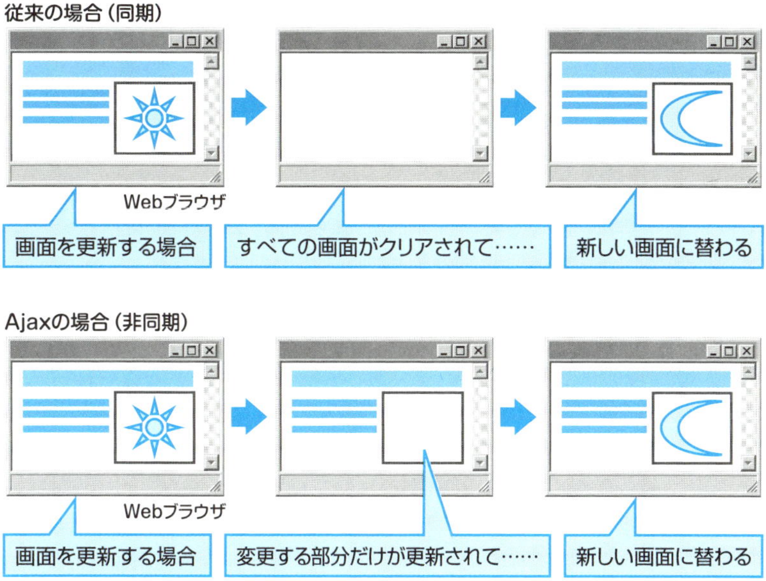
従来の場合（同期）
Webブラウザ
画面を更新する場合
すべての画面がクリアされて……
新しい画面に替わる
Ajaxの場合（非同期）
Webブラウザ
画面を更新する場合
変更する部分だけが更新されて……
新しい画面に替わる

JSONは軽いデータ記述言語

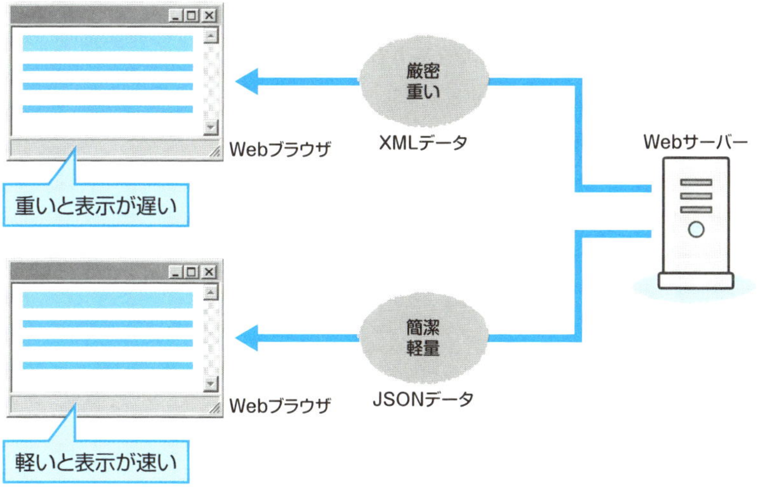
厳密
重い
XMLデータ
Webブラウザ
重いと表示が遅い
Webサーバー
簡潔
軽量
JSONデータ
Webブラウザ
軽いと表示が速い

chapter 3

14 Flash

Web上にアニメーションを実現

多彩な表現力でRIAを切り開いたFlash

Webサイトの冒頭で使われるオープニングムービーには**Flash**で実現されているものが数多くあります。Flashを利用することで、動画、音声などを使った高度なコンテンツを扱うことができます。イメージデータとしてサイズを変更しても品質の劣化がないベクターイメージを中心に扱いますが、ビットマップデータも使うことが可能です。

Flashには、**ActionScript**というスクリプト言語が搭載されており、スクリプトで制御することで、マウスの動きによってアニメーションを動作させたり音を出すなど、インタラクティブなWebページを作ることが可能です。

Flashなどで制作された柔軟なインターフェイスと高度な表現力を持つWebアプリケーションは、**リッチインターネットアプリケーション（RIA）**と呼ばれるソフトウェアの1分野となっています。

Flashを動作させるには、**Flash Player**が必要です。WindowsやMac OS Xなどの主要なOS向けにFlash Playerが配布されているほか、主なWebブラウザに対してもプラグインが配布されています。

一方で、多くの検索エンジンはFlashの中に記述されているテキストを検索できないという問題があります。また、Flashコンテンツの制作にはAdobe Flashというソフトウェア製品を使用します。質の高いイメージや音声を制作するにはコストや時間を要するという点も指摘されています。

Flashコンテンツを制作するには、もともと素材として質の高い写真やムービー、音声などを持っている企業などが有利だといえます。メーカーの広告やオープニングムービーなどによく利用されているのは、通常のWeb制作に比べてコストや時間の制約が少ないという理由があるためだと考えることもできます。

Flashはリッチな表現力を持つプラグイン

◉ プラグインソフトとは

Webブラウザ — HTML、JavaScript……
HTMLやJavaScriptなどはWebブラウザにもともと含まれている機能

Webブラウザ — プラグイン / HTML、JavaScript……
Flashはダウンロードしてwebブラウザに組み込むことで機能が使える

Webサーバー ダウンロード

◉ RIA（リッチインターネットアプリケーション）

- 動画：ムービー、アニメーションなど
- 画像：写真、イラストなど
- テキスト

Flash
Webの素材を総合的に扱い、デザインやアイデアでユニークなWebページを作る

- サウンド：音楽、効果音など
- マウスの動きなどによって画面が変化

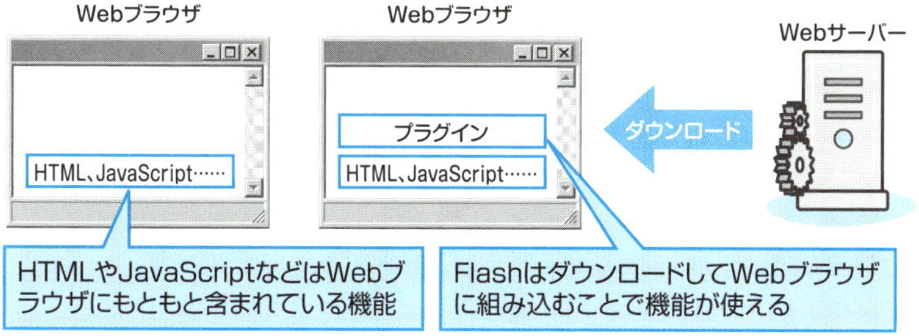

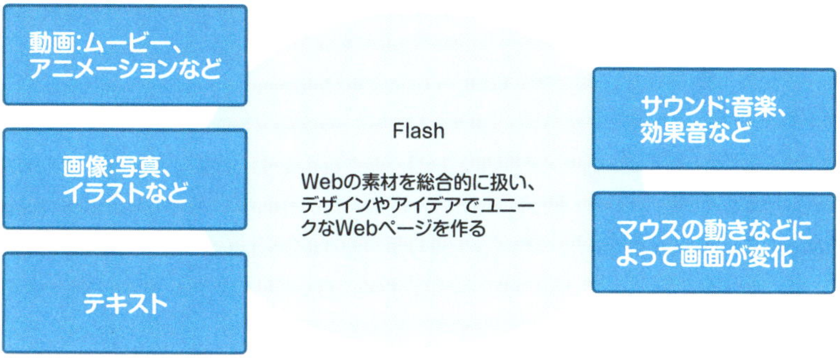

◉ Flashを利用したWebページの例

15 Silverlight

デザインとプログラムを分離した開発が可能

Silverlightは、MicrosoftによるRIA（リッチインターネットアプリケーション）のプラットフォームです。WindowsやMac OS Xをサポートし、主なWebブラウザでプラグインを導入することで利用可能になっています。

Silverlightでは、モバイル機器向けからハイビジョンまでの幅広い映像やベクターイメージ、音声など多様なコンテンツを扱うことができ、そのコンテンツはWebブラウザ内でドラッグや回転などの操作をすることが可能になっています。また、Silverlightのコンテンツは、Webブラウザ上だけでなく、ユーザーのPCで実行できる**ブラウザ外実行**という機能も備えています。

Microsoftは、アプリケーションを開発・実行するための環境として**.NET Framework（ドットネットフレームワーク）**を提供しており、それに含まれる**Windows Presentation Foundation（WPF）**というユーザーインターフェイス機能がSilverlightのベースとなっています。それを利用することで、HTMLで表現できないような豊富なユーザーインターフェイスを構築することが可能です。また、XML形式のマークアップ言語である**XAML**により定義ファイルを記述して、ユーザーインターフェイスをコントロールします。

Silverlightアプリケーションは、JavaScript、C#、Visual Basicを利用して開発することができます。Microsoftは、Microsoft Expression Blendというデザインツールとプログラミング開発環境であるVisual Studioを提供しており、デザインとプログラミングを分離した開発ができます。

2007年に最初のバージョンが公開され、2010年にはSilverlight4がリリースされています。Silverlightの特色のひとつとして、**DRM（Digital Rights Management：デジタル著作権管理）機能**を備えていることがあげられます。

Silverlightの特長

ブラウザ外実行が可能

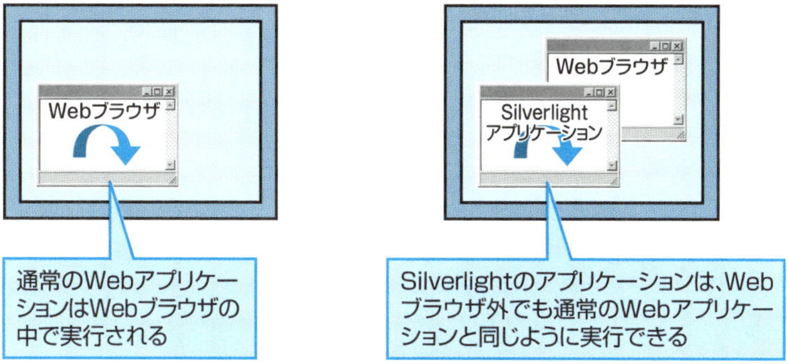

Webブラウザ
Webブラウザ
Silverlight
アプリケーション
通常のWebアプリケーションはWebブラウザの中で実行される
SilverlightのアプリケーションはWebブラウザ外でも通常のWebアプリケーションと同じように実行できる

MicrosoftのSilverlightのページ

デザインとソフトウェア開発の分離と協調が可能

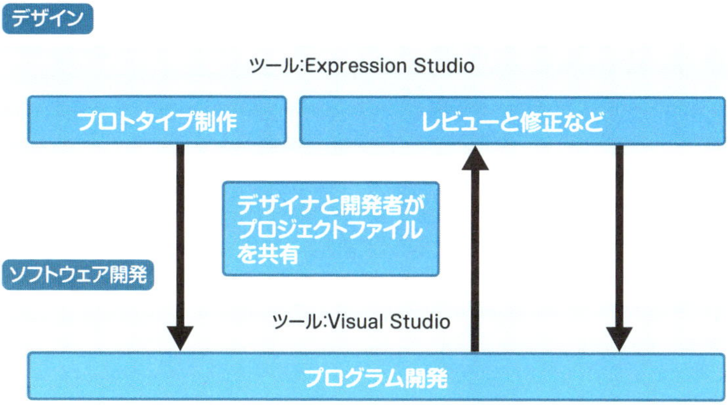

chapter 3 Webサーバーでプログラムを動作させる

16 CGI

開発にはPerlやPHPがよく利用される

いまでこそ、無料のアクセスカウンタを提供するサイトが多数ありますが、Webシステムの初期には**CGIプログラム**でアクセスカウンタが実現されていました。CGIはCommon Gateway Interfaceの略で、Webサーバー上でプログラムを動作させるための仕組みを意味しています。CGIプログラムは、CGIという仕組みを利用するためのプログラムという意味になります。掲示板やアクセス解析、ショッピングカートなど、Web上にはCGIプログラムで実現されている機能がたくさんあります。

CGIプログラムの開発は言語を特定しませんが、**Perl**や**PHP**がよく利用されます。HTMLで書かれたWebページは、Webブラウザからの要求（URL）に応えてWebページのデータを配信するだけですが、CGIプログラムを起動する特定のアドレス（URL）がWebサーバーに送られたときには、サーバーがCGIプログラムを動作させます。CGIプログラムはその内容に従って、データ操作をしたり、演算をしてその結果をWebブラウザに送信します。このように、WebサーバーとWebブラウザの双方向の通信が成立し、データのやりとりが可能になります。

Perlは、CGIのための言語であるかのようにいわれた時期があったほど、頻繁にCGIプログラムに使われました。それには次のような理由があるといわれます。

- インタプリタ言語なのでテキスト形式のまま実行できる
- サポートしているプロバイダが多い
- テキスト処理やファイル処理に適している
- フリーウェアとして無料で入手できる

CGIの仕組みと利用例

Webサーバー上で動作するCGI

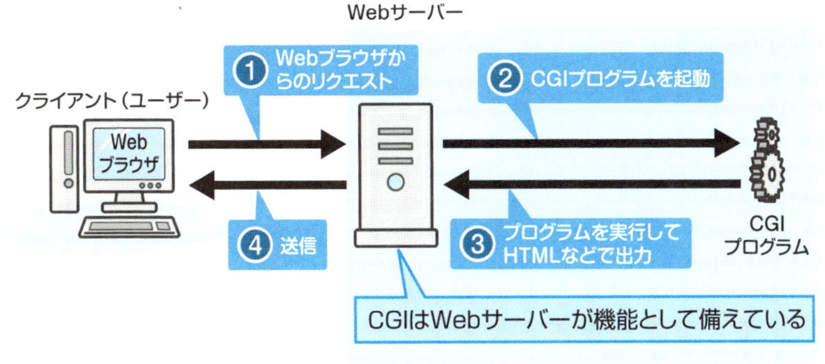
Webサーバー
① Webブラウザからのリクエスト
② CGIプログラムを起動
クライアント（ユーザー）
Web ブラウザ
CGI プログラム
④ 送信
③ プログラムを実行してHTMLなどで出力
CGIはWebサーバーが機能として備えている

CGIプログラムの利用例

アクセスカウンタ
アクセス管理
ショッピングカート
CGIプログラム
掲示板
チャット
アンケートなど

アクセスカウンタはCGI利用の古典的な例

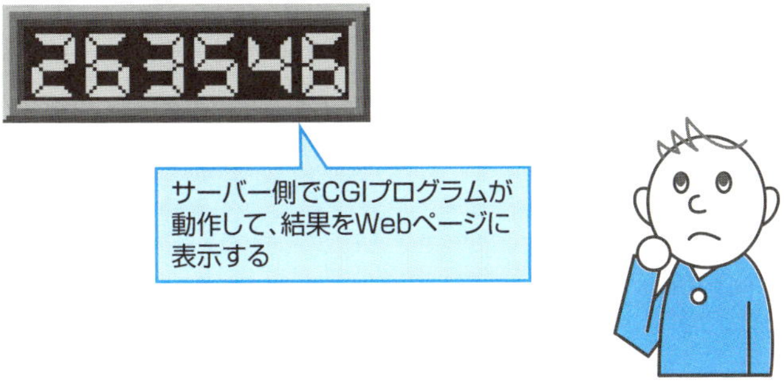
263546
サーバー側でCGIプログラムが動作して、結果をWebページに表示する

17 PHP

サーバー側でHTMLデータを生成する

PHPは、オープンソースのスクリプト言語で、正式にはPHP：Hypertext Preprocessorという名称です。PHPの部分はPersonal Home Pageの略だとされています。Webアプリケーションの開発に適した言語として広く利用され、Web開発の代表的言語のひとつとなっています。とくに、掲示板やチャットのようなサイトを作成するのに適しています。

PHPは、HTMLファイルの中に記述するサーバーサイドスクリプトです。同じようにHTMLの中に記述する言語でも、クライアントサイドスクリプトでは、HTMLデータとともにWebブラウザに配信されて、Webブラウザ上で実行されますが、サーバーサイドスクリプトの場合は、Webブラウザに送られるのはHTMLデータのみです。HTMLの中に記述されたPHPプログラムは、WebブラウザからWebサーバーへ要求が出されると、そのたびにプログラムが実行され、その結果をHTMLデータとしてWebブラウザに配信します。PHPが記述されている最初のHTMLファイルは、PHPで処理したデータを収めるための雛型ととらえることができます。

PHPの言語としての仕様は、C言語、JavaやPerlなどから転用されて構築されています。PHPを実行するかたちとしては、CGIを利用してWebサーバー上で起動させる形式と、Webサーバーが提供するモジュール機能を利用して、Webサーバーに組み込んで動作させる形式などがあります。CGIを利用するより、モジュールとして動作させたほうが高速であるといわれるため、WebサーバーにApache（40ページ参照）を使い、そのモジュールとして動作させる方式が多く用いられています。PHPは、オープンソースのライセンスで提供されているため、商用、非営利を問わず自由に使用できます。

Webサーバーで動作するPHP

CGI形式とモジュール形式

CGI形式

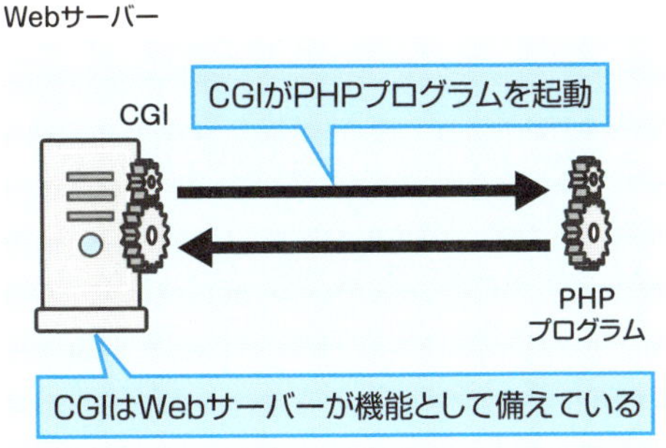
Webサーバー
CGI
CGIがPHPプログラムを起動
PHP
プログラム
CGIはWebサーバーが機能として備えている

PHPモジュール形式

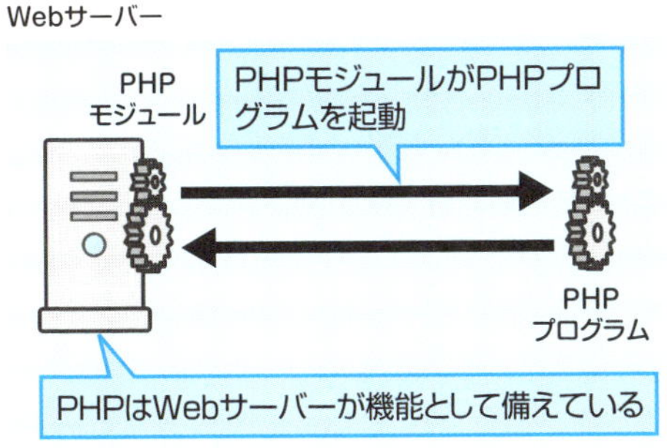
Webサーバー
PHP
モジュール
PHPモジュールがPHPプログラムを起動
PHP
プログラム
PHPはWebサーバーが機能として備えている

PHPの仕組み（モジュール形式）

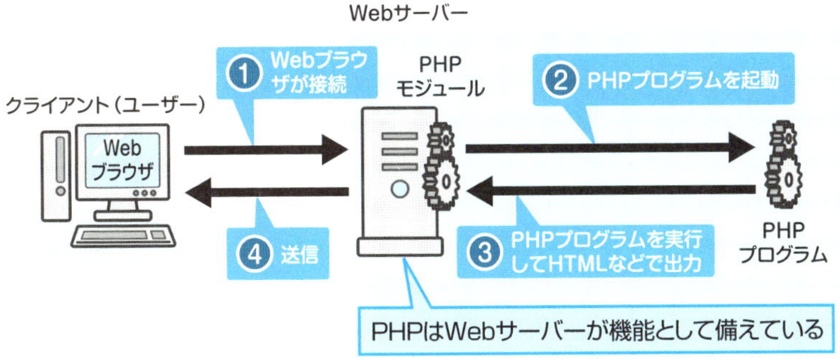
Webサーバー
クライアント（ユーザー）
Web
ブラウザ
① Webブラウザが接続
PHP
モジュール
② PHPプログラムを起動
③ PHPプログラムを実行してHTMLなどで出力
④ 送信
PHP
プログラム
PHPはWebサーバーが機能として備えている

18 ASP.NET

JavaScriptやAjaxのライブラリをサポート

ASP.NETは、Microsoftが提供するアプリケーションの開発と実行の基盤である.NET Frameworkをベースとした技術です。Webアプリケーションの開発、動的なWebサイトの構築、XML Webサービスの開発などが可能です。プログラムによる機能のコントロール（ロジック部分）とユーザーインターフェイス部分を分けて開発することができます。ユーザーインターフェイス部分は、Microsoft Expression Studioで、ロジック部分はMicrosoft Visual Studioで開発し、この2つが連動してWebアプリケーションを作りあげていきます。

Windowsサーバー上で動作するASP.NETは、開発効率を向上させ実行速度を改善するためにさまざまな機能を備えています。そのひとつが、コードの自動コンパイルです。スクリプト言語では、Webブラウザから要求があったときにインタプリタによって、そのたびにコンピュータが理解できるかたちに翻訳していますが、ASP.NETではWebブラウザから要求があるとWebページのコードをコンパイルというかたちで一括して翻訳します。コンパイルの結果は、キャッシュというかたちでメモリ上に保存されるため、コードに変更がない限り、再びコンパイルする必要はありません。

ASP.NETのアプリケーションは、すべてJavaScriptのライブラリがサポートされています。そのため、通常のWebアプリケーションと同様にWebブラウザで表示ができます。

ASP.NETは、2010年に4.0にバージョンアップされ、Web開発者に使いやすいとされているJavaScriptのライブラリであるjQuery（ジェイクエリー）やjQueryとの親和性を高めたAjaxのライブラリがサポートされています。それにより、対応Webブラウザが多くなっています。

ASP.NETとは

アプリケーションと.NET Frameworkの関係

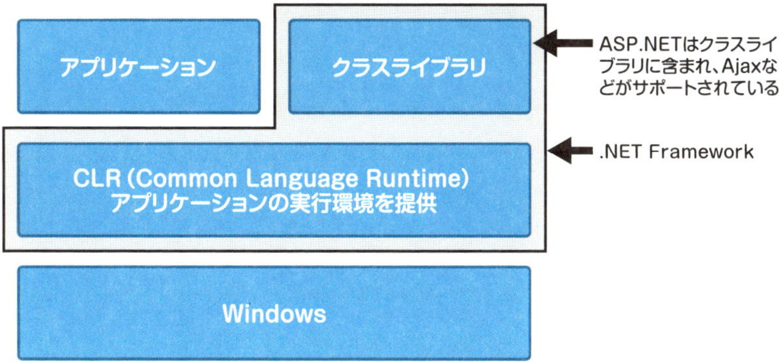
アプリケーション
クラスライブラリ
ASP.NETはクラスライブラリに含まれ、Ajaxなどがサポートされている
CLR (Common Language Runtime)
アプリケーションの実行環境を提供
.NET Framework
Windows

ASP.NETではユーザーインターフェイス部分とロジック部分を分けて開発できる

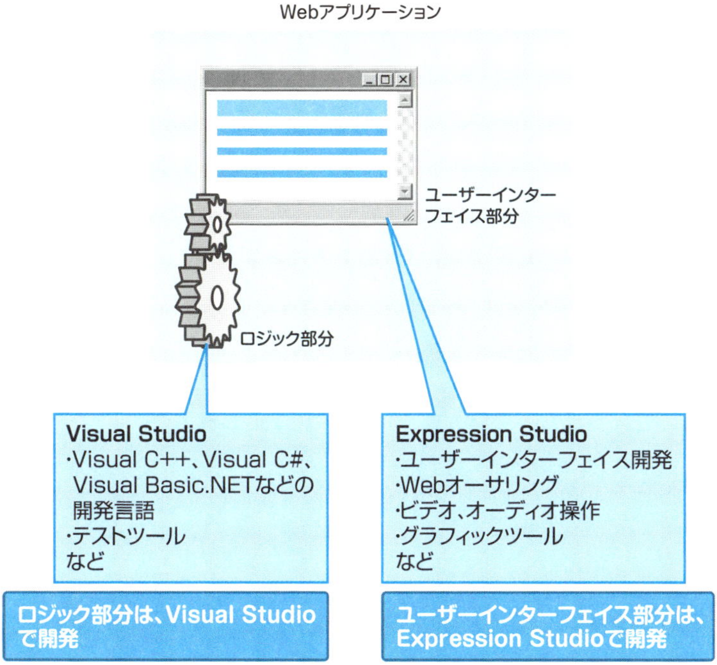
Webアプリケーション
ユーザーインターフェイス部分
ロジック部分
Visual Studio
·Visual C++、Visual C#、Visual Basic.NETなどの開発言語
·テストツール
など
Expression Studio
·ユーザーインターフェイス開発
·Webオーサリング
·ビデオ、オーディオ操作
·グラフィックツール
など
ロジック部分は、Visual Studioで開発
ユーザーインターフェイス部分は、Expression Studioで開発

chapter 3

Webでも広く利用される汎用言語

19 Java

仮想Javaマシンによって実行される

Javaは、プログラム言語としてのJavaと実行環境としてのJavaという両面を持っています。Javaは、オブジェクト指向言語としてSun Microsystems（現在のOracle）で開発され、90年代後半から普及してきました。いまや、JavaはWebアプリケーションだけでなく、業務システムなどでも利用される主要なプログラミング言語のひとつとして広く使われるようになっています。

実行環境としてのJavaは、プラットフォームを問わずにどこでも実行できる仕組みを備えているという特徴があります。C言語などのコンパイル言語ではプラットフォーム（CPUやOS）が異なると、その環境に合わせたコンパイラ（機械語への翻訳ソフト）を必要としました。Javaは、ひとつのJavaコンパイラが**バイトコード**と呼ばれるものに変換し、仮想Javaマシンというプラットフォームごとの実行環境を用意することで、どこでも実行可能になっています。

Javaは、Webページの中に埋め込むことで、Webプログラムとして実行することができます。クライアントで動作するものを**Javaアプレット**、サーバー側で動作するものを**Javaサーブレット**と呼びます。

Javaアプレットは、Webページでのアニメーションの表示やマウスの動作によるインタラクティブな操作を可能とします。また、Javaサーブレットは動的にWebページを生成する目的で利用されています。Javaサーブレットが生成したWebページのデータをWebサーバーがWebブラウザに送信する仕組みはCGIと同様ですが、より高速な処理が可能になります。

また、**JSP（Java Server Pages）**という技術では、ライブラリを利用することで、ASP.NETやPHPなどと同様にデザインとプログラムを分けて作成できるため、Web開発者の負担を軽くすることが可能です。

どのプラットフォームでも実行できるJava

Javaプログラムが実行される仕組み

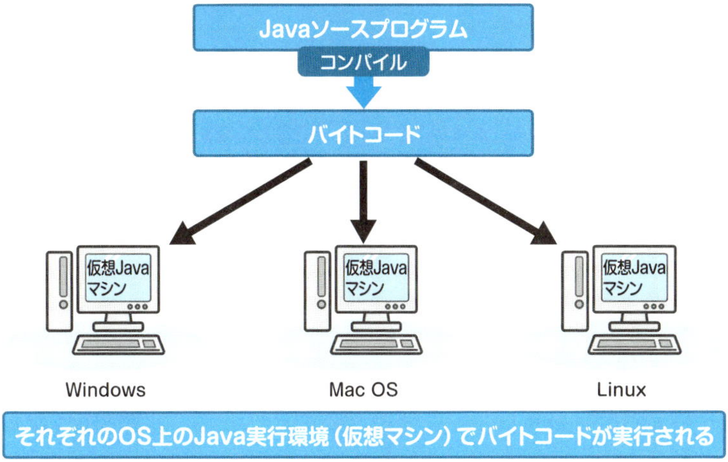
Javaソースプログラム
コンパイル
バイトコード
仮想Java
マシン
仮想Java
マシン
仮想Java
マシン
Windows
Mac OS
Linux
それぞれのOS上のJava実行環境（仮想マシン）でバイトコードが実行される

JavaアプレットとJavaサーブレット

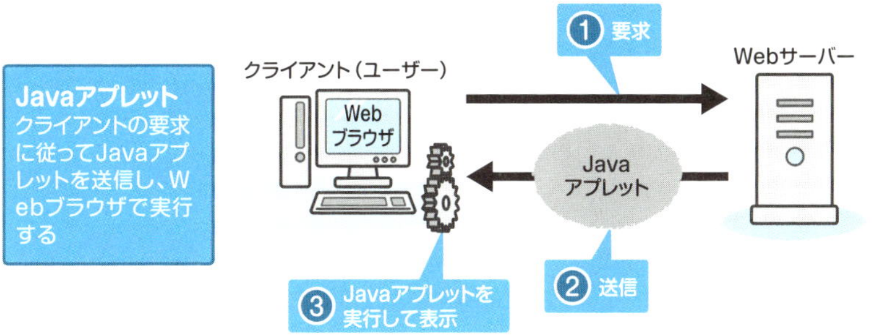
Javaアプレット
クライアントの要求に従ってJavaアプレットを送信し、Webブラウザで実行する
クライアント（ユーザー）
Web
ブラウザ
① 要求
Webサーバー
Java
アプレット
② 送信
③ Javaアプレットを
実行して表示

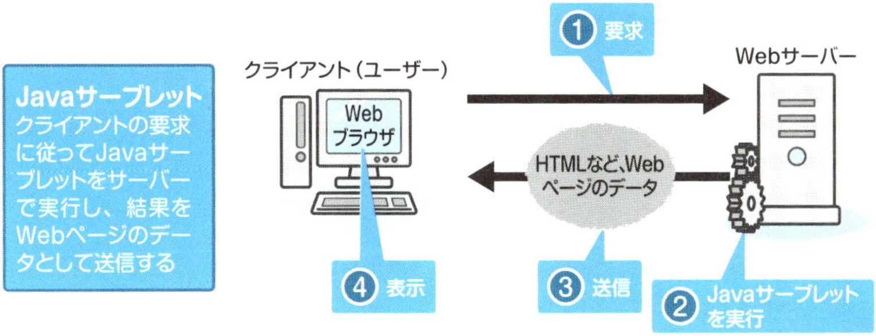
Javaサーブレット
クライアントの要求に従ってJavaサーブレットをサーバーで実行し、結果をWebページのデータとして送信する
クライアント（ユーザー）
Web
ブラウザ
① 要求
Webサーバー
HTMLなど、Web
ページのデータ
④ 表示
③ 送信
② Javaサーブレット
を実行

chapter 3 誰もが発信者になる時代

20 Web 2.0

2000年代中期に新しいWebを象徴した言葉

ここからは、2000年代中期に登場した新しい「Web」の概念について、およびそれに伴う最近のWebサービス環境の変化や潮流について見ていきます。

Web 2.0は、ティム・オライリー氏によって提唱された概念で、Webの新しい動きを「2.0」と表現し、古いWebの姿を「1.0」と呼んでいます。これはざっくり新旧を表したもので、数字自体にあまり意味はありません。この「Web 2.0」という言葉は、2005年頃から使われるようになりました。

古いWebでは、情報の送り手と受け手が固定した状態で、情報の流れが一方的でしたが、Web 2.0では、送り手と受け手が流動化し、誰もが情報の発信者となる状態とされています。その概念は定まったものではなく、提唱者のオライリー氏も限定された概念ではないことを語っています。

その後のWebの利用形態は、Web 2.0という概念が的を射たものであったことを示しているといえます。Web利用者は加速度的に増加し、それに伴ってその利用形態やサービスが変化してきました。ブログ、掲示板、検索エンジンなどはWeb 2.0的なサービスの範疇に入っています。

消費者がメディアを生成する状況を意味するCGM（Consumer Generated Media）やユーザー同士のコミュニティによるメディアを表すソーシャルメディアなどという概念もWeb 2.0の延長線上にあると考えることができます。従来の発信者であった企業側もその中に加わって、情報発信や情報収集の手段として利用するようになっています。

最近では、Web 2.0という言葉はあまり使われなくなってきました。2000年代中期にそれまでのWebの変化を追認するためと、現在起こっている変化を確認するための言葉として便利であったものが、その役割を終えつつあると考えることもできます。

Webの新しい概念「Web 2.0」

Web 2.0とWeb 1.0

Web 1.0 情報の送り手と受け手が固定した状態で、情報の流れが一方的	Web 2.0 送り手と受け手が流動化し、誰もが情報の発信者となれる
Web 1.0的なもの	**Web 2.0的なもの**
静的Webページ	動的Webページ
個人Webサイト	ソーシャルメディア
データの選択と取得	Webサービス
辞書・事典コンテンツ	Wikipedia
バナー広告	検索連動広告
Web閲覧	CGM (Consumer Generated Media)

※もともとWeb 1.0という言葉があったわけではない、新しいものとしてWeb 2.0が登場したため、古いものが「Web 1.0」と呼ばれた。

ティム・オライリーがあげたWeb 2.0の要素

- ・Folksonomy:ユーザーの手による情報の自由な整理
- ・Rich User Experiences:豊かなユーザー体験
- ・User as contributor:ユーザーによる寄稿
- ・The Long Tail:ロングテール
- ・Participation:参加
- ・Radical Trust:ラディカルな信頼
- ・Radical Decentralization: ラディカルな分散

chapter 3

いまやWeb利用の代表的な一形態に

21 ブログ、トラックバック、RSS

多くの人が情報を発信するきっかけになったブログ

ブログはいまや代表的なWebページの1タイプとして定着しています。もともとは、Webページに Web上のニュースや情報に対して論評を加えて記録しておくこと、つまり「WebのLog（記録）をとる」という意味でWeblogといわれていたものが、ブログ（Blog）と略されたものです。

現在では、個人の日記形式のWebページ、テーマを決めて時系列で情報を書き込んでいくWebページなどをまとめて「ブログ」と呼ぶようになっています。ブログを実現するためのソフトウェアやブログ機能を提供しているWebサイトが数多くあり、それらを利用することで、HTMLを書かなくても、Webブラウザからテキストや写真などの情報を登録することで、手軽にブログを開設することができます。

ブログの重要な機能として**トラックバック**があります。トラックバックとは、特定のブログのページに自分のブログへのリンクを作成する機能のことです。トラックバックが可能なブログには、トラックバックURLが記載してあるので、それを自分のブログに貼ってリンクを作ります。これによって、関連のある記事を相互に参照し合うような情報の流れを作ることができます。

トラックバックは、テーマや人のつながりによってブログのコミュニティができあがるなどの可能性を持っています。トラックバックを行うには双方のブログがその機能を持っている必要があります。

また、ブログやニュースサイトで使われる技術として**RSS**があります。RSSは更新情報を簡単にまとめて配信する仕組みで、XMLをベースにした技術です。RSSサイトに登録しておくことでRSSリーダー（フィードリーダー）やRSSに対応しているWebブラウザによって更新情報を得ることができ、記事へのリンクをたどることができます。

トラックバックとRSSの仕組み

トラックバック

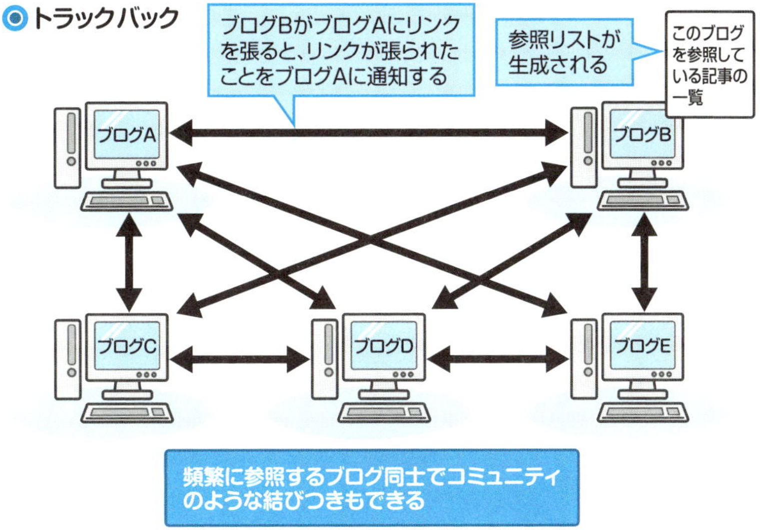
ブログBがブログAにリンクを張ると、リンクが張られたことをブログAに通知する
参照リストが生成される
このブログを参照している記事の一覧
ブログA
ブログB
ブログC
ブログD
ブログE
頻繁に参照するブログ同士でコミュニティのような結びつきもできる

RSS

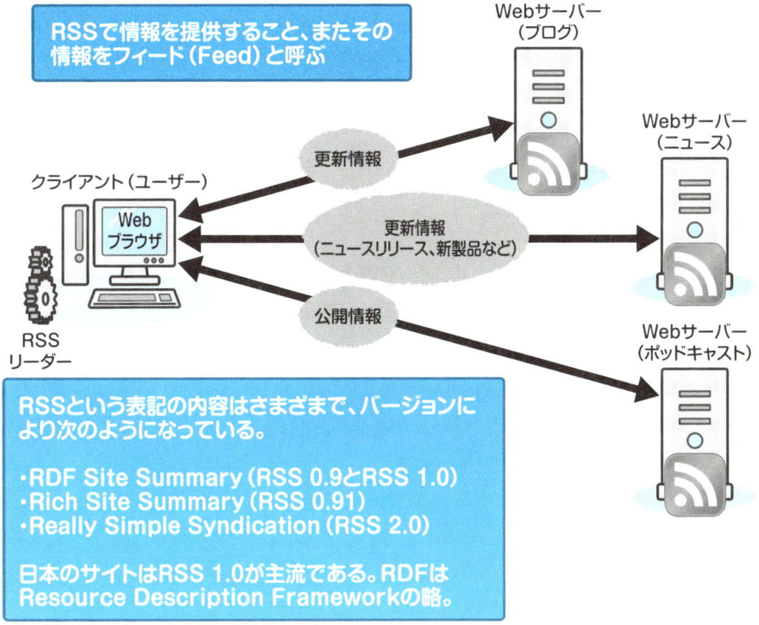
RSSで情報を提供すること、またその情報をフィード（Feed）と呼ぶ
Webサーバー（ブログ）
Webサーバー（ニュース）
Webサーバー（ポッドキャスト）
クライアント（ユーザー）
Web ブラウザ
RSS リーダー
更新情報
更新情報（ニュースリリース、新製品など）
公開情報
RSSという表記の内容はさまざまで、バージョンにより次のようになっている。
・RDF Site Summary（RSS 0.9とRSS 1.0）
・Rich Site Summary（RSS 0.91）
・Really Simple Syndication（RSS 2.0）
日本のサイトはRSS 1.0が主流である。RDFはResource Description Frameworkの略。

22 SNS、Twitter

コミュニケーションの場を企業も利用する

SNS（ソーシャルネットワーキングサービス）は、会員制のかたちで人と人とのつながりを持つ場を提供するWebサイトです。話題の共通性や地域、出身地や学校、共通の友人などをベースとしてコミュニティを作り上げていける機能が提供されており、さまざまなビジネスモデルや種類があります。mixiやGREEなどが代表的なSNSサイトとして知られています。

SNSが関心を持たれるようになった時期は、すでに参加している人から招待されないと会員登録できないなどの制限があったことが、かえって興味をあおったといえます。現在では、制限を設けないで誰もが登録できるSNSが増えています。

また、企業などで社員同士のコミュニケーションを図るためにSNSを利用する例も見られるようになりました。SNSをサービスとして提供するWebサイトが数多くある一方で、SNSを実現するソフトウェアも登場しています。

SNSやブログのトラックバックやコメント機能によっても、Web上でコミュニティが形成されます。それらをまとめて、「ソーシャルメディア」と呼ぶこともあります。

ソーシャルメディアとしては、**Twitter**は最近のWebにおける最大の話題といえます。SNSの初期と同様に有名人が登録しているため、その発言に触れることができるなど、興味をひきやすい情報サービスであるといえます。Twitterは、投稿を140字以内と文字数を制限することで注目され、多くの参加者を得ています。

ソーシャルメディアは、個人の情報発信の場として利用される一方で、企業などのマーケティングや宣伝の場としても重要視されるようになっています。

ソーシャルネットワーキングサービス（SNS）とは

SNSのビジネスモデル

広告収入型
多くの参加者を得て、参加者を対象としたインターネット広告により収入を得るモデル。

課金型
サービス内容によって参加者を集め、会費や利用料というかたちで課金するモデル。

連動型
関連サイトへの誘導や、イベント、放送、事業などと連動することによってビジネスとして成立させるモデル。

公共型
地方自治体や教育機関などが情報の伝達やコミュニケーションのために運営し、それ自体の収入は求めないモデル。

SNSの種類

SNS

- ジャンルを限らないタイプ
- 企業運営型
- 企業内型
- 趣味型
- 地域密着型
- 職種別
- 女性向け
- その他（出会い、アダルト系など）

Twitterの展開

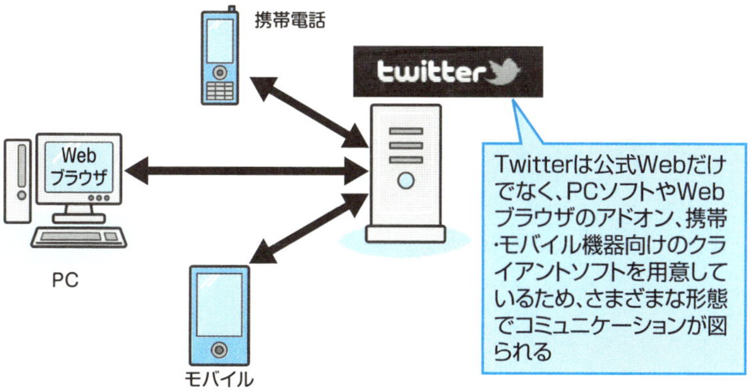
携帯電話
twitter
Web
ブラウザ
PC
モバイル
Twitterは公式Webだけでなく、PCソフトやWebブラウザのアドオン、携帯・モバイル機器向けのクライアントソフトを用意しているため、さまざまな形態でコミュニケーションが図られる

PCの機能もインターネットのサービスに

23 クラウドと仮想化

システムのさまざまな機能をインターネットに置く

Web 2.0に替わって頻繁に登場するようになったのが**クラウド**と**仮想化**です。クラウドはクラウドコンピューティングのことで、クラウド(雲)はインターネット(またはネットワーク)を意味します。従来は企業や個人が持っているPCにアプリケーションプログラムをインストールし、データをPCに入れて管理していたのに対して、PCがつながっているインターネットのサービスとして、アプリケーションの機能を提供したり、データの管理を行うかたちを指しています。

そこでは、ユーザーはアプリケーションのパッケージを買うのではなく、機能を期間による課金制で買うようになります(無料のものもある)。データベースサービスやWebサーバー提供サービスもクラウドの一種です。

クラウドコンピューティングに関する説明では、Software as a Service (SaaS)やPlatform as a Service (PaaS)などのように、「ソフトウェアの機能をパッケージなどではなくサービスとして提供する」「プラットフォームをハードウェアなどではなくサービスとして提供する」という意味の言葉がよく使われます。

同時に「仮想化」も最近の大きな潮流です。たとえば従来、専用のハードウェアが必要とされていた機能をハードウェアの導入なしに実現するのが仮想化といわれるものです。本書で紹介したVPS(仮想プライベートサーバー)も、1台のサーバーをソフトウェアによって複数の専用Webサーバーが利用できるようにする仮想化手法のひとつです。同じように、仮想化によって1台または複数のコンピュータ上に、さまざまなソフトウェア環境を作り出すことが可能です。最近では、仮想化によって実現された機能をネットワーク(クラウド)経由で提供するケースが多くなっています。

クラウドコンピューティングとは

アプリケーションのサービス化

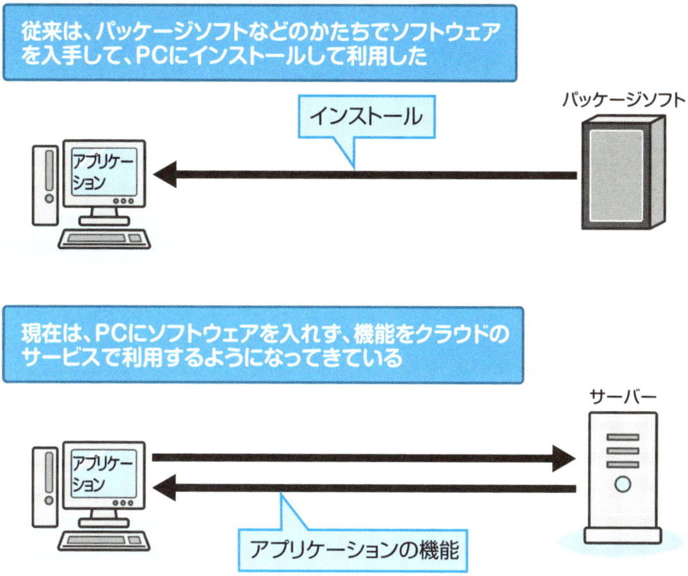
従来は、パッケージソフトなどのかたちでソフトウェアを入手して、PCにインストールして利用した
インストール
パッケージソフト
アプリケーション
現在は、PCにソフトウェアを入れず、機能をクラウドのサービスで利用するようになってきている
サーバー
アプリケーション
アプリケーションの機能

デスクトップのサービス化

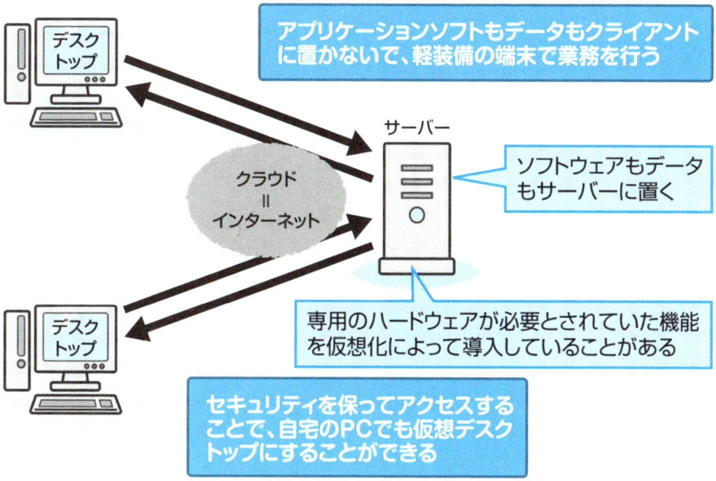
デスクトップ
アプリケーションソフトもデータもクライアントに置かないで、軽装備の端末で業務を行う
サーバー
クラウド
=
インターネット
ソフトウェアもデータもサーバーに置く
デスクトップ
専用のハードウェアが必要とされていた機能を仮想化によって導入していることがある
セキュリティを保ってアクセスすることで、自宅のPCでも仮想デスクトップにすることができる

COLUMN

CSS3

現在、主に利用されているのはCSS2であり、W3CでCSS3の策定が進められている段階にあります。CSS3がW3Cの勧告になるには、まだ時間がかかると見られていますが、新しいブラウザはすでに策定途中のCSS3の仕様を一部取り込んでいます。
このように、使用が確定していない段階で実装したプロパティや値には、ベンダープレフィックスといわれる印をつけることになっています。Firefoxは「-moz-」、IEは「-ms-」というベンダープレフィックスをプロパティなどの前につけて指定します。どのようなプロパティが実装されているかは、ブラウザによってかなり差があります。
CSS3では、仕様が拡張されて、現在では画像などを利用しないとできない表現がCSSだけで可能になる予定です。たとえば、角が丸いグラデーションをつけたボタンに影をつけて立体的に表示することが可能になります。また、背景に複数の画像を使って、透過度をコントロールすることや、文字の影など、より繊細なデザイン表現が可能になります。アニメーション、2D・3D変形、時間による変化など、CSS3の仕様は多様です。
CSS3は、こうした機能を「モジュール」という単位でまとめて定義しています。テキストのモジュール、アニメーションのモジュールというようにプロパティや値が分類されます。そのため、モジュール単位で実装することが可能になります。たとえば、印刷機能が不必要な機器のブラウザは印刷モジュールを外して実装するというかたちになります。

CSS3で作られたさまざまなボタン

chapter

4

Webのセキュリティ対策を知ろう

インターネットは便利な反面、ウィルスの攻撃にさらされるような危険もあります。Webが個人やビジネスの現場において重要性を増している現在、リスクに対しては十分な対策が必要です。

先輩、しばらく出張に行って会社に戻ってきたときなんか、PCを立ち上げると「ウィルス定義ファイルが更新されていません」っていう表示が出るんですけど……。あれを見るとなんか、不安になるんです。

ああ、うちの会社はまとめてセキュリティ対策ソフトを導入しているから、しばらくPCを立ち上げないと出るでしょうね。でも、PCを起動しておけばサーバーから自動的に新しいウィルス定義ファイルがダウンロードされるから問題ないんじゃない？

そうなんですよ。すぐに出なくなるんです。でも、ウィルスとか、マルウェアとか……、ぼく、ああいうの苦手で、怖いからなるべく関わりたくないんですけど……。

一応、会社全体でセキュリティ対策しているし、変な期待しておかしなサイトに行かなければ大丈夫じゃない？

だから、なるべく関わりたくないっていってるじゃないですか。変なサイトなんて行きませんって！ それで、Web担当ってセキュリティのことも知らなくてはいけないんですか？

Webの仕事をするんだからね。当然、セキュリティの基本は押さえておかなくてはまずいんじゃない？ もし、セキュリティで会社が問題を起こしたら、社会的な責任を問われることもあるからね。攻撃の方法や防御の手段を知らなくちゃ、セキュリティを確保することはできないでしょ？

そうですよね。顧客リストを紛失したなんていう新聞記事も見ますからね。でも、セキュリティのことを調べてみると、フィッシングとか、ソーシャルエンジニアリングとか、横文字が多いですね。それが、みんな人をだますための手口なわけですし……、なんか初めて聞く言葉だとよけいに不安にさせられる気がします。

たしかに、横文字は多いかもしれないわね。ソーシャルエンジニアリングなんていわなくても、「詐欺」っていえば済むのにね。なんで、手段としてメールやWebを使うと横文字になっちゃうんだろ？

へー、「詐欺」ですか。そういえば、フィッシングは電子版振り込め詐欺みたいなものですよね。

じゃあ、今日はセキュリティの基本を簡単に勉強しようね。悪意のある攻撃の手口とか、コンピュータシステムが抱えている脆弱性(ぜいじゃくせい)とか、防御の方法についても……。あっ！ それからWeb担当は、個人情報保護法とか、特定商品取引法とか、それに著作権法といった関係する法律のことも勉強しておかなくてはね。

えっ！ 法律まで……？

たとえば、通信販売で企業と顧客がトラブルになったというニュースがときどき出ているでしょう。Webショップだって通信販売なわけだから、規制する法律だってあるのよ。それだけじゃなくて、Webの素材が著作権的に大丈夫なのかとか、個人情報をどのように扱うかとか、知っておかなくちゃだめでしょう。それに、あなたは広報のWeb担当じゃない。会社全体の社会への窓口なわけだから、Web関連だけの法律じゃ足りないくらいよ。内部統制とか、JSOX法のことは勉強しているの？

ひぇー！ ますます大変になりそう……。

chapter 4 Webサーバーを守るために

1 コンピュータへの攻撃

侵入されれば大きな影響が出る

インターネットにはさまざまな情報が行きかっています。メールへ添付されたファイル、Webページからのダウンロードなど、悪意を持ったプログラムが潜んでいた場合、不用意に扱うと思わぬ被害を受けることになりかねません。とくに、Webページのデータなどを置くサーバーを管理している立場では、被害がほかのWebサーバーやWebの閲覧者のコンピュータにまで及ぶ可能性があるため、セキュリティには十分注意を払う必要があります。

サーバーに対する攻撃は、主に**セキュリティホール**、**脆弱性**と呼ばれるOSなどの基本ソフトやプログラムの弱点を突いて、コンピュータに侵入することによって行われます。侵入は、多くの場合コンピュータの脆弱性につけ込む仕組みを持ったプログラムによって実行されます。

悪意のあるプログラムに侵入されたコンピュータは、さまざまな被害をこうむる可能性があります。侵入を受けた場合、機密にしているデータを盗まれる、Webページが改ざんされる、ほかのコンピュータへの攻撃の踏み台にされるなど、ネットワークを通じた影響にとどまらず、企業の社会的な信用問題にまで及ぶ場合もあります。

2001年に発見されたCode Redというワームは、MicrosoftのIIS Webサーバーを標的にして、世界中の数十万台というホストコンピュータに感染し、一時インターネットを麻痺状態におとしいれたといわれています。OSやプログラムのベンダーはセキュリティホールが発見された場合には修正プログラムを配布し、対策をするようにアナウンスしています。

Webサーバーには、毎日多くのアクセスがあるため、管理者が攻撃を見分けるのは困難です。そのため、不正侵入を検知したり、防止するための製品が利用されています。

コンピュータへの攻撃経路

セキュリティ上の脅威はいたるところにある

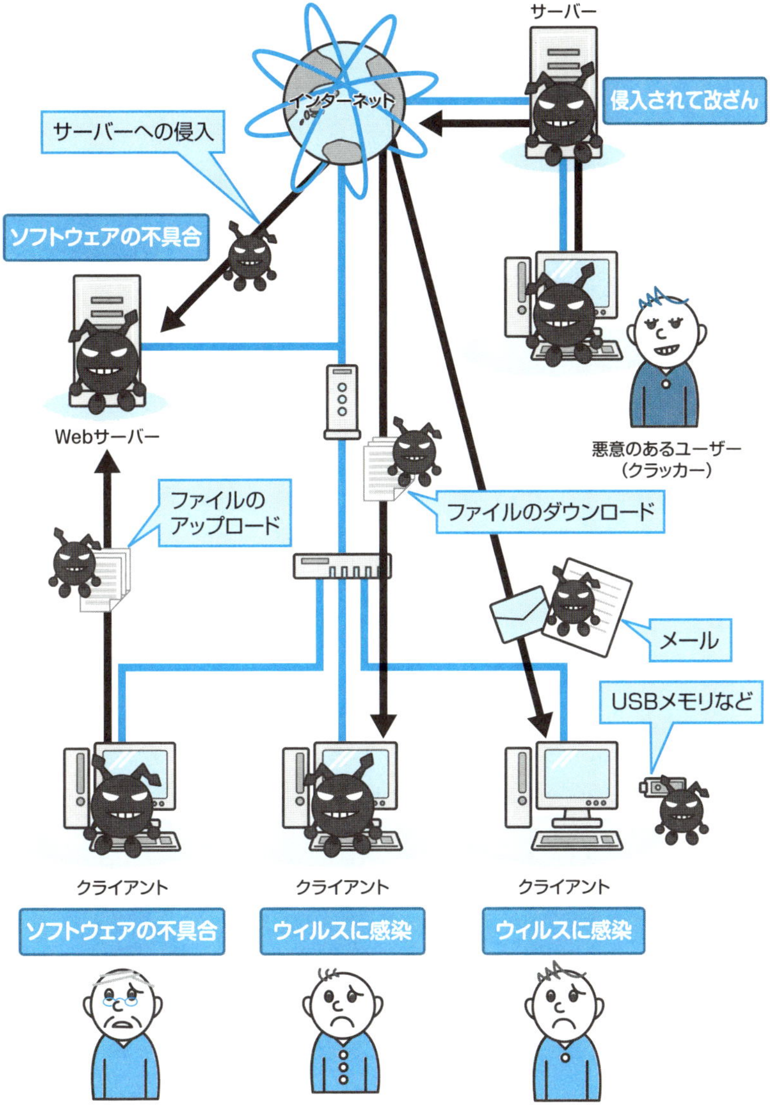
サーバー
インターネット
侵入されて改ざん
サーバーへの侵入
ソフトウェアの不具合
Webサーバー
悪意のあるユーザー
(クラッカー)
ファイルの
アップロード
ファイルのダウンロード
メール
USBメモリなど
クライアント
クライアント
クライアント
ソフトウェアの不具合
ウィルスに感染
ウィルスに感染

chapter 4 サーバーとの関係で見る基礎知識

2 ウィルス、マルウェア

Webサーバーが感染源になることも

コンピュータを攻撃するプログラムとして**コンピュータウィルス**が広く知られています。感染して被害をもたらすため、病気の原因となるウィルスとの類似性によって一般的な用語となり、現在では、悪意のあるプログラム全般を指して単に「ウィルス」と呼んでいます。最近では、悪意のあるソフトウェアの総称として**マルウェア(Malware)**という言葉もよく使われるようになってきました。「悪意のある」という意味の英語「malicious」と「software」を組み合わせて作られた言葉であるといわれています。

以前は、プログラムに寄生して増殖するものがウィルス、自己増殖するものがワーム、有用なプログラムに見せかけてあるとき不正な動作をする者をトロイの木馬などと区別していましたが、分類にも諸説ありその区分にこだわることはありません。

悪意のあるソフトウェアがWebページにとって脅威なのは、侵入されたWebサーバーが感染源となってしまうことです。2009年からは、クライアントPCのFTPアカウントを乗っ取り、不正な内容を含んだHTMLファイルを勝手にWebサーバーにアップロードしてしまうGumblar(ガンブラー)というウィルスによる被害が相次いでいます。

これは、Web制作の担当者がよく利用するFTPを不正利用する例であるだけに脅威となっています。不正に書き換えられたWebページを閲覧することによってクライアントPCに感染します。感染したクライアントPCの中にFTPでWebページのデータを送信している人がいれば、また新しいWebサーバーへと感染し、雪だるま的に増殖していきます。

現在、このウィルスに対しては、脆弱性を突かれたソフトウェアベンダーや、アンチウィルスソフトにより対策がとられていますが、Webサーバーを攻撃する不正ソフトとして代表的な例だといえます。

Webサーバー経由での攻撃

ウィルスもマルウェアも悪意あるプログラムを指す言葉

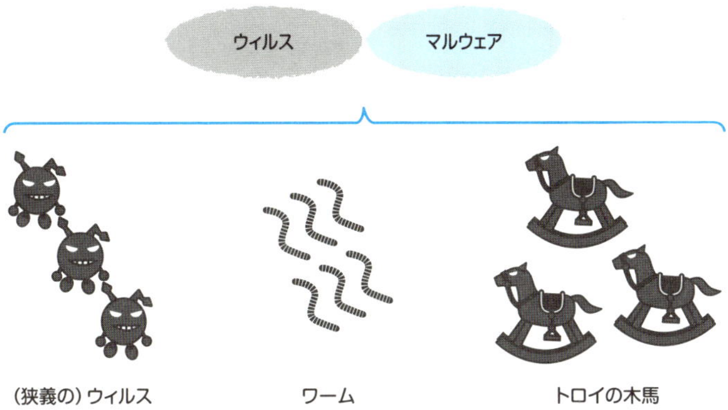
ウィルス
マルウェア
(狭義の) ウィルス
ワーム
トロイの木馬

FTPを乗っ取ってWebサーバーにウィルスを送り込む例

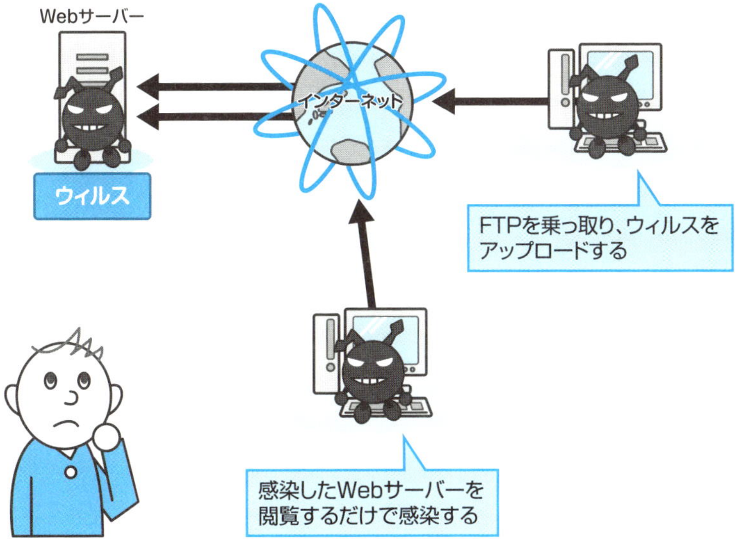
Webサーバー
ウィルス
インターネット
FTPを乗っ取り、ウィルスを
アップロードする
感染したWebサーバーを
閲覧するだけで感染する

chapter 4 Webの普通の機能を利用して障害を起こす

3 DoS攻撃

Webサーバーを過負荷に陥らせる

サーバーを麻痺させる攻撃のひとつに**DoS攻撃（サービス妨害攻撃：Denial of Service Attack）**があります。DoS攻撃には、サーバーなどのセキュリティホールを狙ったものも含まれますが、Webで通常提供している機能を利用しても行えることが特徴です。

その代表的なものが「**F5アタック**」と呼ばれるものです。Windowsなどで[F5] キーに割り当てられている画面更新機能をIEで実行するとWebページの再読み込みが行われますが、多くのクライアントPCから一斉にWebページの再読み込み要求を受けた場合、サーバーは過負荷になり、表示が極端に遅くなったり、停止したりする可能性があります。F5アタックはそれを意図的に行うのです。

F5アタックは一番単純な例ですが、DoS攻撃はプログラムによってサーバーに対する要求を大量に発生させてサーバーに負荷をかけ、正常な動作ができないようにします。その間、一般のユーザーは正常なアクセスができなくなったり、場合によっては、サーバーが誤動作する可能性もあります。

DoS攻撃をさらに悪質にしたものが、**DDoS攻撃（分散DoS攻撃：Distributed Denial of Service Attack）**です。セキュリティホールなどを利用して多くのコンピュータに侵入し、そこを踏み台として特定のサーバーを攻撃する方法です。DDoS攻撃は非常に多数のコンピュータを使って行われる場合もあり、大規模なポータルサイトがアクセス不能になったこともあります。

このようなDDoS攻撃を可能にしているのは、OSのアップデートを行わないなど、セキュリティに問題を抱えた大量のPCの存在です。PCが普及する中で、的確に管理がされていないものは比率的にはわずかであっても、台数としては大変な数になり、セキュリティ上の問題となっています。

DoS攻撃とDDoS攻撃の仕組み

DoS攻撃

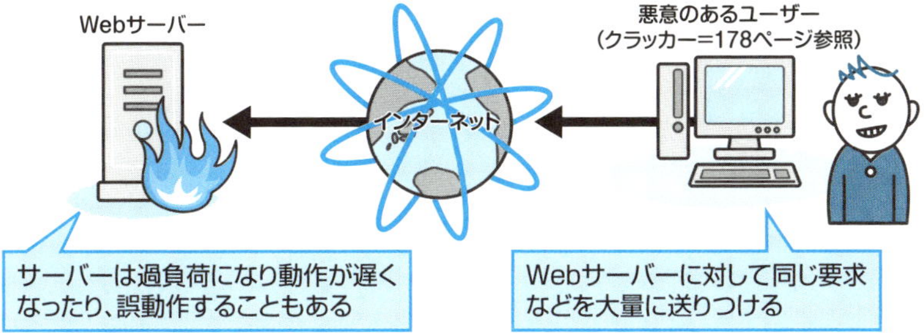
Webサーバー
インターネット
悪意のあるユーザー
（クラッカー＝178ページ参照）
サーバーは過負荷になり動作が遅くなったり、誤動作することもある
Webサーバーに対して同じ要求などを大量に送りつける

DDoS攻撃

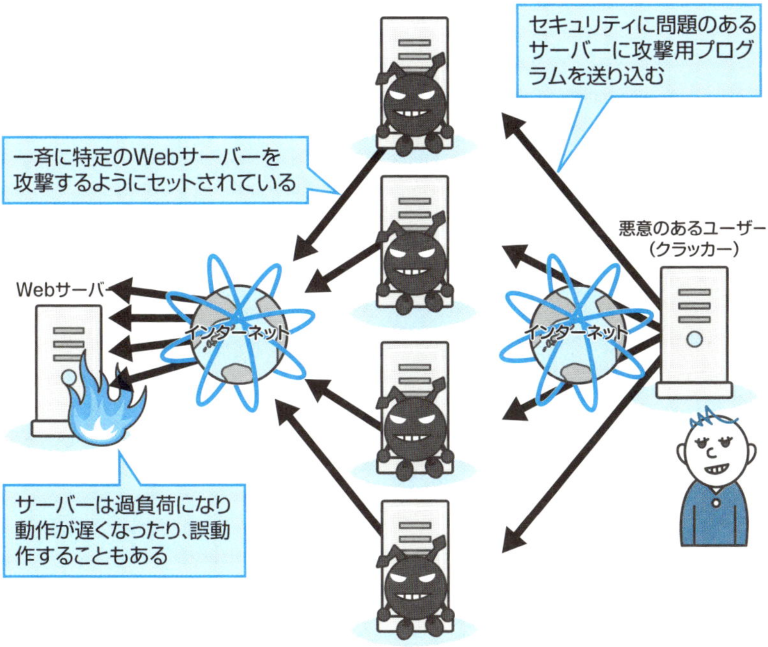
セキュリティに問題のあるサーバーに攻撃用プログラムを送り込む
一斉に特定のWebサーバーを攻撃するようにセットされている
悪意のあるユーザー
（クラッカー）
Webサーバ
インターネット
インターネット
サーバーは過負荷になり動作が遅くなったり、誤動作することもある

chapter 4

偽サイトへの誘導

4 フィッシング

有名サイトをかたったり、DNSサーバーの不正操作も

フィッシング（phishing）詐欺はユーザーを偽のWebサイトなどへ誘導して、銀行の口座やクレジットカードの番号、暗証番号など重要な個人情報を入手する犯罪です。個人情報の種類によっては金銭的な被害を受けることもあります。「phishing」は新しい英語で語源には諸説ありますが、いずれにしてもfishing（釣り）が関係していることはまちがいなさそうです。

実在する有名な販売サイトや銀行、クレジットカード会社をよそおってユーザーをだまし、個人情報を入力させるように誘導します。多くの場合、HTMLメールなどで実在のサイト名をかたったリンクを送りつけ、偽サイトに誘導します。メール自体はウィルスのような不正ソフトを含んでいませんから、メールの送受信段階でチェックすることは困難です。

リンク先として正規のサイトに見せかけたURLを記していることがありますが、よく見るとおかしなところがあったりします。ただし、正規のサイト自体がもともとわかりにくいURLを使っていることも珍しくないので、一概にはいえません。

さらに、見分けにくいのは、**ファーミング**という手法です。これは、セキュリティの脆弱なサーバーなどに侵入し、DNSサーバーを不正に操作して、偽のIPアドレスを返すようにします。ユーザーとしては、正規のルートをたどっているつもりで偽サイトに誘導されてしまいます。

Webブラウザは、フィッシングに利用されるようなリンクの書き方などを制限することによって対策を講じています。

個人情報を扱うWebサイトは、どのような場面で個人情報を入力するかなど、Webサイトが提供するサービスとそのフローやセキュリティの仕組みを明示しておくことが大切で、ユーザーの理解を得るとともにフィッシング詐欺の予防にもつながると考えられます。

フィッシングとファーミングの仕組み

フィッシング

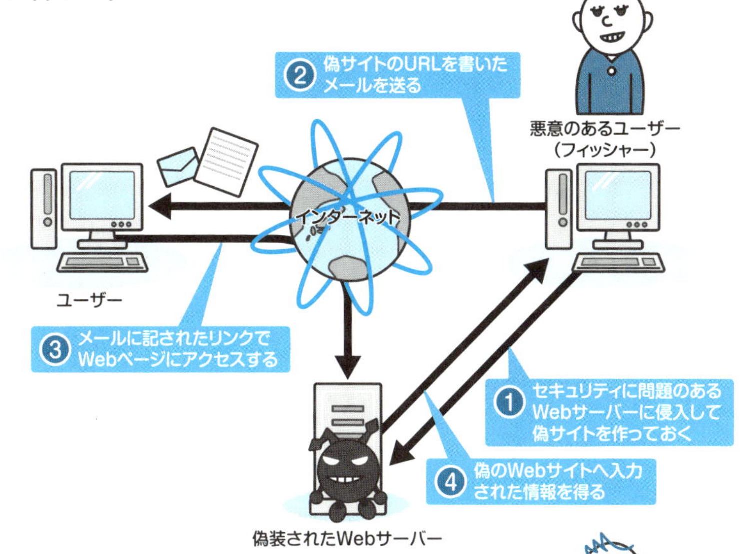
② 偽サイトのURLを書いたメールを送る
悪意のあるユーザー（フィッシャー）
インターネット
ユーザー
③ メールに記されたリンクでWebページにアクセスする
① セキュリティに問題のあるWebサーバーに侵入して偽サイトを作っておく
④ 偽のWebサイトへ入力された情報を得る
偽装されたWebサーバー

ファーミング

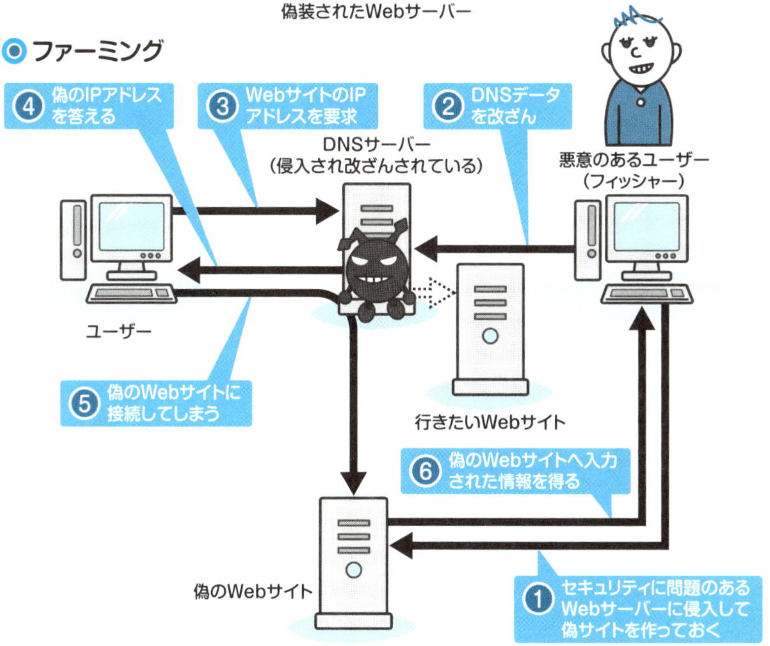
④ 偽のIPアドレスを答える
③ WebサイトのIPアドレスを要求
② DNSデータを改ざん
DNSサーバー（侵入され改ざんされている）
悪意のあるユーザー（フィッシャー）
ユーザー
⑤ 偽のWebサイトに接続してしまう
行きたいWebサイト
⑥ 偽のWebサイトへ入力された情報を得る
偽のWebサイト
① セキュリティに問題のあるWebサーバーに侵入して偽サイトを作っておく

5 踏み台

緊急時の対応策を固めておく

知らないうちにDoS攻撃のプログラムが仕掛けられたり、Webサーバーにフィッシング詐欺の偽サイトが作られてしまうことを、**「踏み台になる」**といいます。意外なことに、企業や公共機関、大学などのサーバーが踏み台にされることは少なくありません。踏み台になるサーバーはセキュリティの脆弱性を持っています。そもそもサーバーの設定をまちがっていて、セキュリティが機能していなかったという例もあるようです。

サーバーの設定をはじめ、セキュリティ対策を適切に行うことはもちろんですが、万が一の場合の対応体制を整えておくこともサーバーの運用には大切なことです。

もし、自社で管理しているサーバーにフィッシングの偽サイトが作られているという連絡を受けたらどうすべきでしょうか。第一にすべきことは、そのサーバーをネットワークから切り離し、被害を最小限度に抑えることです。

サーバーの再起動は偽サイトも残ってしまう可能性があるため避けます。また、サーバーの電源オフは偽サイトの痕跡も消えてしまう可能性があるため避けるようにします。まず、ネットワークの切り離しです。

しかし、被害を受けたサーバーがどれであるかわかっていても、ネットワークケーブルを抜くという判断ができるのは誰なのかはわかっているでしょうか。サーバー管理の責任者が在籍していない場合の連絡方法は確立しているでしょうか。

サーバーの設定やセキュリティの詳細を担当の誰もが知っている必要はありません。ただ、誰が詳細を知っていて、誰が判断するか、万が一のときにどう行動すればいいかを決めておくべきでしょう。知識や技術だけでなく、運用体制自体もセキュリティの一部だといえます。

「踏み台」への正しい対処方法

◎ Webサーバーに偽Webサイトが作られていたらどう対処する?

× リセットする

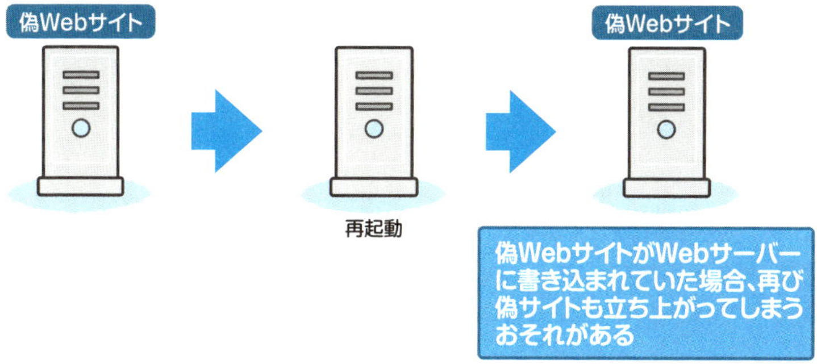
偽Webサイト
再起動
偽Webサイト
偽WebサイトがWebサーバーに書き込まれていた場合、再び偽サイトも立ち上がってしまうおそれがある

× 電源を切る

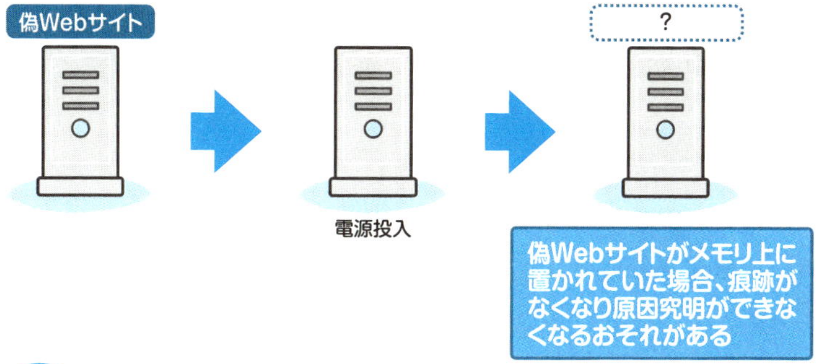
偽Webサイト
電源投入
?
偽Webサイトがメモリ上に置かれていた場合、痕跡がなくなり原因究明ができなくなるおそれがある

○ ネットワークから切り離す

偽Webサイト
切断
インターネット
ネットワークから切り離して、被害が拡大するのを防ぐ

6 バックドアとセキュリティホール

OSなどソフトウェアを最新の状態に保つ

コンピュータへ不正な侵入をはかる行為を**クラッキング（Cracking）**と呼ぶことがあります。侵入してデータの破壊を行ったり、データの盗用、プログラムの改変を行うことなど、不正行為全般にクラッキングという言葉が使われます。クラッキングを仕掛ける人は「**クラッカー**」と呼ばれます。

クラッカーのつけ入る隙となるコンピュータシステムの弱点を、セキュリティホールやバックドア、または脆弱性（ぜいじゃくせい）と呼びます。

セキュリティホールは、ソフトウェアの不具合により、正規のルート以外に侵入できてしまう穴があることを意味します。その不正規な出入口を**バックドア（backdoor：裏口）**といいます。バックドアはソフトウェア開発時の利便性のために設けたものが製品版にも残ったまま流通してしまう例や、悪意のある開発者自身があらかじめ作っておく場合もあるといわれます。原因がどこにあるにしても、使う側にとっては不具合でしかありません。

セキュリティホールに対して**脆弱性**は、ソフトウェアの欠陥だけでなく、もう少し広い範囲を指す言葉として使われます。Webシステムの設計そのものの弱点や運用上の弱点なども包含した言葉であるといえます。ソフトウェアベンダーや公的な機関では「脆弱性」という言葉を使ってソフトウェアのセキュリティに対する警告を発信しています。ベンダーの脆弱性情報やIPA（情報処理推進機構）の「脆弱性対策情報データベース」がそれにあたります。

Microsoftなどのソフトウェア会社は、製品のセキュリティホールを検証するとともに、セキュリティホールを発見したときはその修正プログラムを配布しています。Windowsなど、導入しているソフトウェアを修正プログラムなどによって最新の状態に保つことはセキュリティの基本だといえます。

バックドアの解消方法

セキュリティホールがあるソフトウェアには修正プログラムが配布される

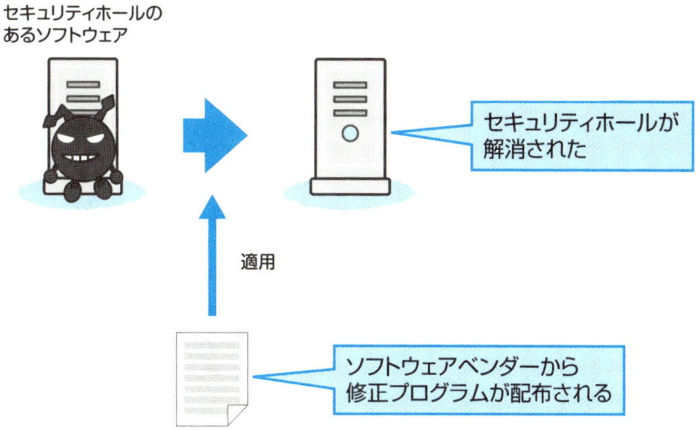
セキュリティホールの
あるソフトウェア
セキュリティホールが
解消された
適用
ソフトウェアベンダーから
修正プログラムが配布される

脆弱性対策情報データベース（http://jvndb.jvn.jp/）

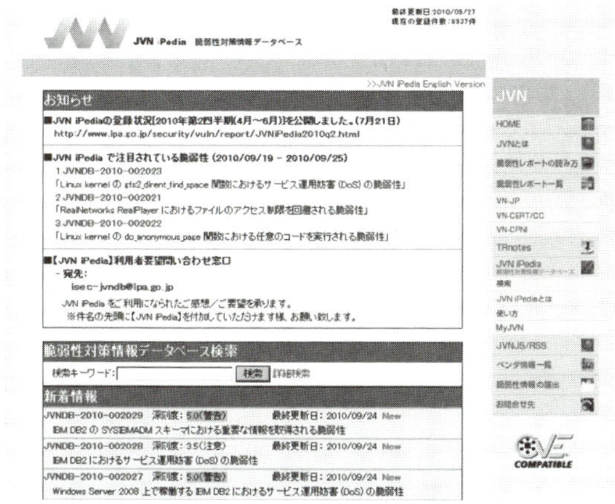

情報処理推進機構（IPA）の脆弱性対策情報データベース（JVN iPedia）には脆弱性情報が公開されている。登録することでメールによる通知も受けられる

chapter 4 防御の基本

7 パスワード

詐欺的な手段でパスワードが盗まれることも

パスワードはセキュリティの基本です。ユーザーを登録するような会員制度のサイトや販売サイトにアクセスするとき、あるいはWebページのデータをアップロードするときなど、常にパスワードがついてまわります。

パスワードには、それぞれのWebサイトやシステムによる制約があります。

- 文字数の制約
- パスワードとして使える文字の制約
  - ①数字だけ
  - ②アルファベットと数字
  - ③アルファベットと数字+記号など

いずれの場合も自分の誕生日などと関係しないもので、意味のない文字列で長いパスワードが「強い」とされています。つまり他人から推測されにくいパスワードということです。反面、意味のないパスワードは自分でも覚えにくいという欠点があります。パスワードをメモにしておいて、それが他人に見られてしまっては元も子もありません。

また、パスワードは14文字以内と指定されていても、内部的には実は先頭から8文字しか有効になっていないということもあり得ます。記号が使える場合は、先頭に記号を数文字使ったり、途中に記号をまじえることによって、パスワードの強度を高めることができます。

最近はパスワードなどの秘密情報を聞き出すために**ソーシャルエンジニアリング**という手法が使われるといわれます。近親者や警察官、銀行員、上司などをかたって「緊急事態なので」などの理由で情報を引き出そうという方法です。要するに「振り込め詐欺」と同じ手口です。パスワードはそれを使うサイトの重要性によって優先順位を決めて管理すべきでしょう。

破られないパスワードを作る

避けなければならない「弱いパスワード」

ichiro	名前だけ、しかもIDと同じ場合も
12341234	数字だけのパスワード
eeeeeeee	同じ文字の繰り返し
qwertyuiop	キーボードの並び通りの文字
ichiro0123	名前と生年月日
america	地名や辞書にある単語

記号を使うことでパスワードは強くなる

securepass	意味のある文字列だけでは弱いパスワード
%&#securepass	先頭に記号を使うことでパスワードの強度は増す
%secure&pass#	ポイントを決めて記号を使うことでもパスワードの強度は増す

クラッカーはツールを使って攻撃する

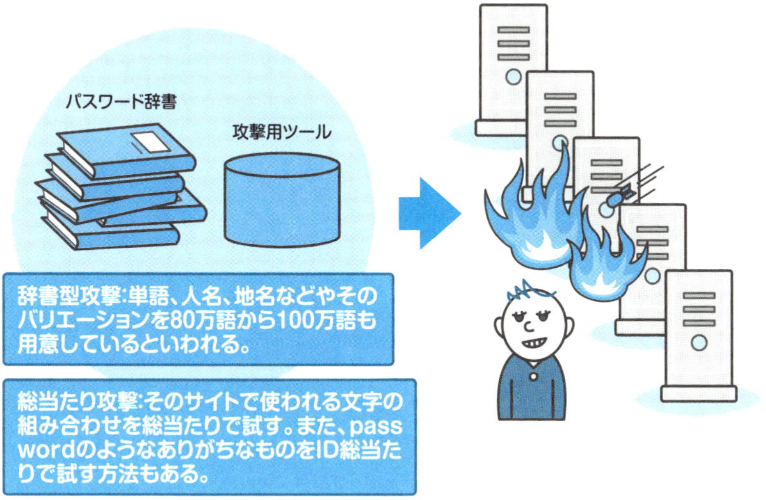
パスワード辞書
攻撃用ツール

辞書型攻撃:単語、人名、地名などやそのバリエーションを80万語から100万語も用意しているといわれる。

総当たり攻撃:そのサイトで使われる文字の組み合わせを総当たりで試す。また、passwordのようなありがちなものをID総当たりで試す方法もある。

8 SSL

認証局が信頼の要となる

Webページで個人情報など他人に漏れては不都合な情報をやりとりするときには、**SSL（Secure Sockets Layer）**というプロトコルが利用され、通信内容が暗号化されています。販売サイトで買い物をするときや、会員登録をするときなどに、Webブラウザのアドレスバーを見ると、「http://」ではなく「https://」が表示されているはずです。これがSSLを利用していることを意味しています。さらに、IE8の場合は、アドレスバーの右に鍵のアイコンが出ているはずです。ここをクリックすることで、認証局の名称や証明書を表示することができます。

暗号化された通信には、サーバーとクライアントだけでなく、サーバーに対する証明書を発行する**認証局（CA：Certification Authority）**の存在が欠かせません。認証局はWebサイトに対して**電子証明書**を発行します。電子証明書には、暗号化のための公開キー、被発行者、発行元、署名などが電子的に記録されています。

暗号化して通信を行っていても、接続しているサーバーが信頼できるところでなかったら、大切な情報がどう扱われてしまうかわかりません。そこで、信頼できる第三者として認証局が存在し、証明書を発行することにより、信頼関係の基礎を築いているのです。SSLの通信をはじめるときには、サーバーからクライアントへ電子証明書が送られます。クライアントのWebブラウザにはあらかじめ認証局の情報が登録されており、信頼できる証明書であるかどうかが判断されます。

SSLは1999年から**TLS（Transport Layer Security）**という名称に変更されていますが、SSLという名称が普及しているため、通常はTLSも含めてSSLと呼ばれています。

より安全なSSLによる通信

SSLによる通信の見分け方

SSLにより暗号化された通信の流れ

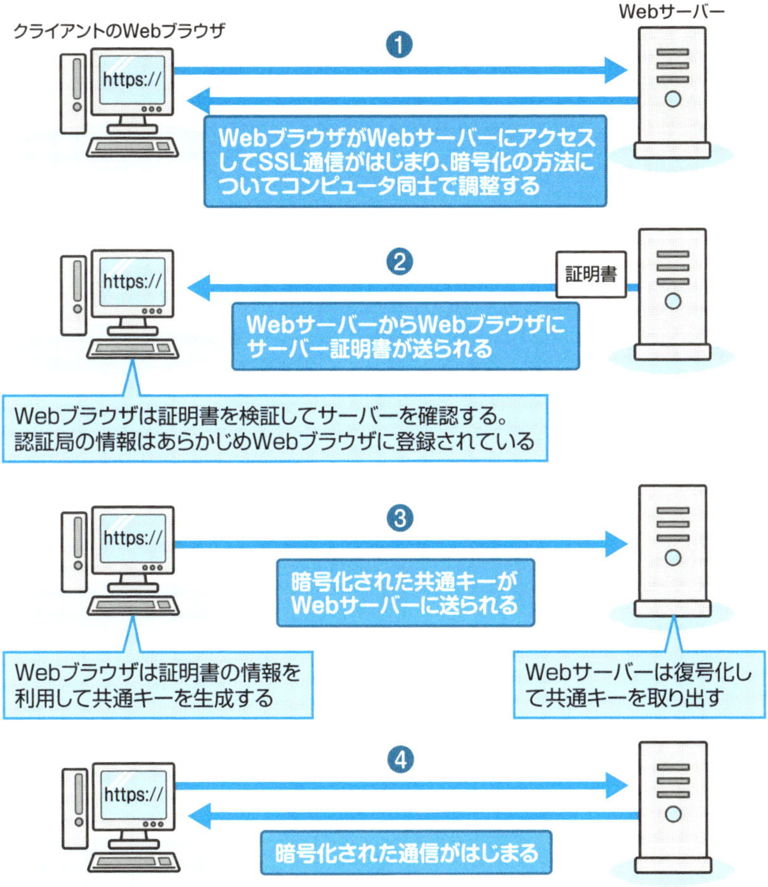
クライアントのWebブラウザ
Webサーバー
❶
https://
WebブラウザがWebサーバーにアクセスしてSSL通信がはじまり、暗号化の方法についてコンピュータ同士で調整する
❷
証明書
WebサーバーからWebブラウザにサーバー証明書が送られる
Webブラウザは証明書を検証してサーバーを確認する。認証局の情報はあらかじめWebブラウザに登録されている
❸
暗号化された共通キーがWebサーバーに送られる
Webブラウザは証明書の情報を利用して共通キーを生成する
Webサーバーは復号化して共通キーを取り出す
❹
暗号化された通信がはじまる

9 セキュリティポリシー

策定、実施、監査、改善のサイクルが大切

ここでセキュリティポリシーというのは、**情報セキュリティポリシー**を指します。2000年に政府の情報セキュリティ対策推進会議により「情報セキュリティポリシーに関するガイドライン」が決定され、そのガイドラインに沿った情報セキュリティポリシーが公共機関や企業などで策定されるようになりました。その背景には、コンピュータシステムが広く普及し、かつてのように企業や団体の一部の部署が情報を扱うだけでは済まなくなったため、組織全体として情報セキュリティに対する考え方をまとめる必要性が出てきたことがあげられます。

情報セキュリティポリシーには次のような内容が含まれます。

- 情報セキュリティの管理運用体制の整備
  組織の構築、管理責任者の配置、監査体制の整備など
- 情報の分類とアクセス権限の整備
  情報やシステムに対する操作を誰が行うのか、また行えないのか
- 外部の脅威からの防衛と対策
  不正侵入などへの防御対策と事故が発生した場合の対応
- 策定した内容の維持管理
  正常に機能していることの評価、見直しや改善のサイクル

情報セキュリティポリシーを策定するには、まずWebサイトの運用管理など組織としての取り組みをはっきりさせるとともに、どのような考え方のもとにそれを実施していくかを明示することが目的となります。

さらに、情報セキュリティポリシーを明らかにすることにより、企業の社会的な信用を保つという目的があります。Webサイトを利用してビジネスを行っている場合は、ユーザーに対する信用を確立することにもつながります。

情報セキュリティポリシーの基本的な内容

◎運用体制を作り、役割と責任を明確化する

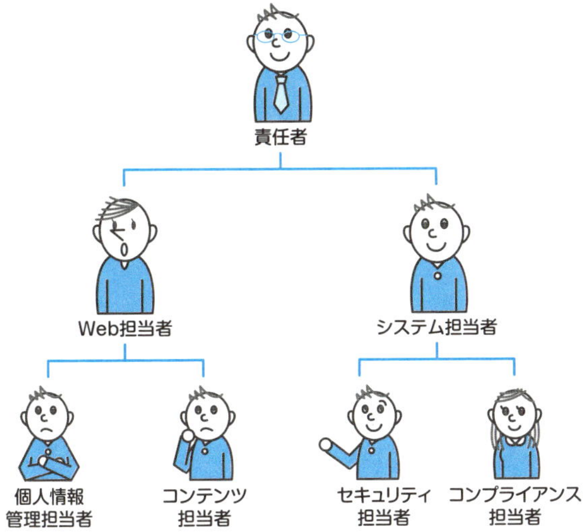
責任者
Web担当者
システム担当者
個人情報
管理担当者
コンテンツ
担当者
セキュリティ
担当者
コンプライアンス
担当者

◎役割と責任に応じたアクセス権限の設定

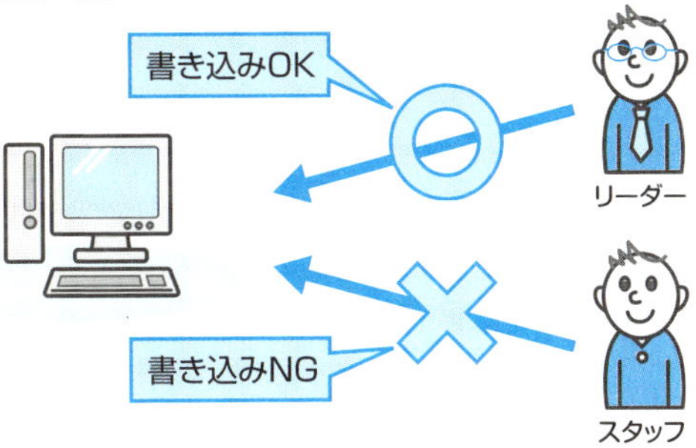
書き込みOK
リーダー
書き込みNG
スタッフ

◎策定、実施、監査、改善のサイクルを保持する

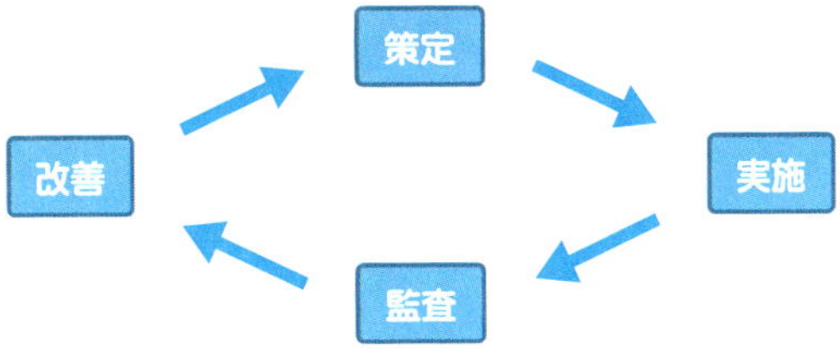
策定
実施
監査
改善

chapter 4 Webビジネスで不可避の課題

10 個人情報保護法

プライバシーポリシーを策定してWebに公開

インターネットの発達によって、個人情報がネットワーク経由で登録されたり、個人情報を記録したコンピュータやその記憶装置がいたるところに存在するようになりました。2000年代のはじめになると、個人情報を転売したり、コンピュータなどから漏洩する事態が相次ぎました。しかし、当時は個人情報を守るための法律がなかったのです。そのため、2005年に**個人情報保護法(個人情報の保護に関する法律)**が施行されました。

それにより、5000人以上の個人情報を扱う企業などは、法律に基づいて個人情報を扱う必要が出てきました。個人情報取扱事業者には次のような義務が課されています。

- 利用目的の特定と通知……なるべく具体的に個人情報の利用目的を明示して了解を得なければならない
- 利用目的の制限……明示した利用目的以外に個人情報を使ってはいけない
- 適正な取得……不正な手段によって個人情報を取得してはならない
- 第三者提供の制限……あらかじめ本人の同意を得ないで第三者に個人情報を提供してはならない
- データの正確性の確保、安全管理……個人情報を正確で最新の内容に保つように努める。また、漏洩やデータの棄損などを防がなくてはならない。本人から開示を求められた場合、保持している個人情報を提示しなくてはならない

現在では、個人情報を扱うWebサイトは、個人情報保護法に沿ったプライバシーポリシーを策定して、Web上に公開することが基本になっています。

個人情報保護法に沿ったプライバシーポリシーとは

◎ 個人情報の使用目的を明示してそれ以外に使わない

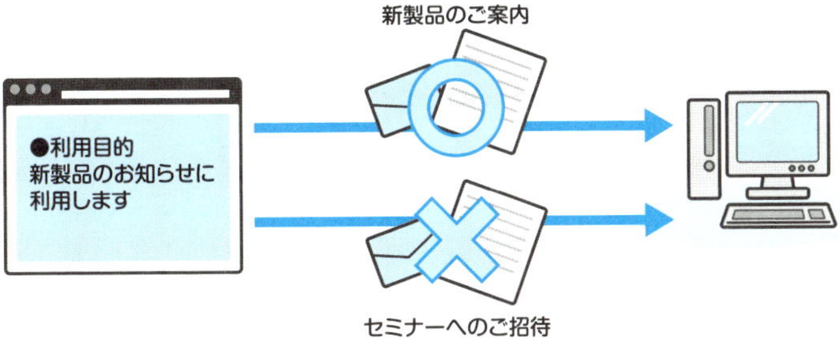
新製品のご案内
●利用目的
新製品のお知らせに
利用します
セミナーへのご招待

◎ 本人の同意なく個人情報を第三者に提供しない

個人情報は当ショップ
のご案内のみに使用
します
個人
データ
ショップ担当者
第三者

◎ 個人情報は正確に最新状態を保存し、本人の開示請求があれば提示や修正に応じなければならない

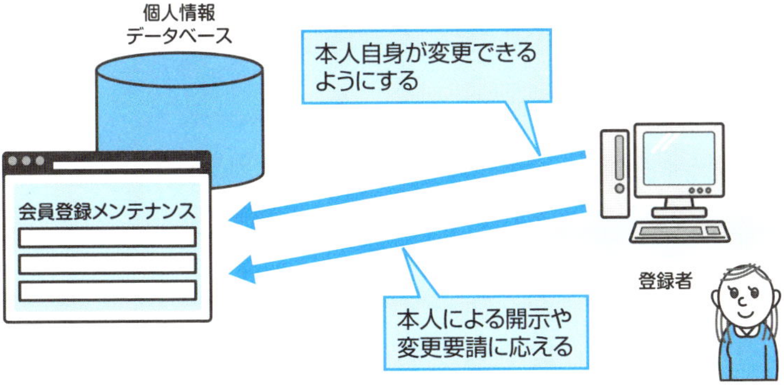
個人情報
データベース
本人自身が変更できる
ようにする
会員登録メンテナンス
登録者
本人による開示や
変更要請に応える

Chapter 4 プライバシーマーク

11 セキュリティ認証

認証を受けても実効性のある運用が必要

プライバシーマークは、個人情報保護について一定の要件を満たした法人に対して使用を認めるマークで、Pマークとも呼ばれます。個人情報に関して適切な保護が可能な体制が整備されているかを、審査した上で認証を与えられた法人が使用することができます。審査と認証を行うのは、日本情報処理開発協会(JIPDEC)とその指定機関です。

プライバシーマークを取得するとこによって、Webサイト上などにプライバシーマークを表示することが可能になり、ユーザーに対して個人情報の保護に対する体制が整っていることを訴求することができます。

取得にあたっては、個人情報保護のための組織体制を整える必要があり、それを実施、監査、改善するためのサイクルを運用することが求められます。プライバシーマークを申請すると、JIS Q 15001(個人情報保護マネジメントシステム――要求事項)に適合しているかの審査を受けます。合格するとプライバシーマークの使用許諾契約を行い、JIPDECの公式サイトに法人名が記録されます。

プライバシーマークは、広く認知された制度であり、ユーザーからの理解を得られやすいものですが、それを取得したからといって個人情報保護がうまく機能していると安心することはできません。過去の漏洩事例を見てみると、外部からのコンピュータへの侵入によって個人データが盗まれるということもありますが、悪意ある内部担当者の犯行やファイル交換ソフトによる漏洩などが目立っています。

プライバシーマークなど認証制度の取得自体を目的化することなく、実効性のある管理運用体制を、システム本来の目的を考慮しながら、セキュリティなどとともに作り上げていくことが重要になります。

プライバシーマークとは

プライバシーマークの意味

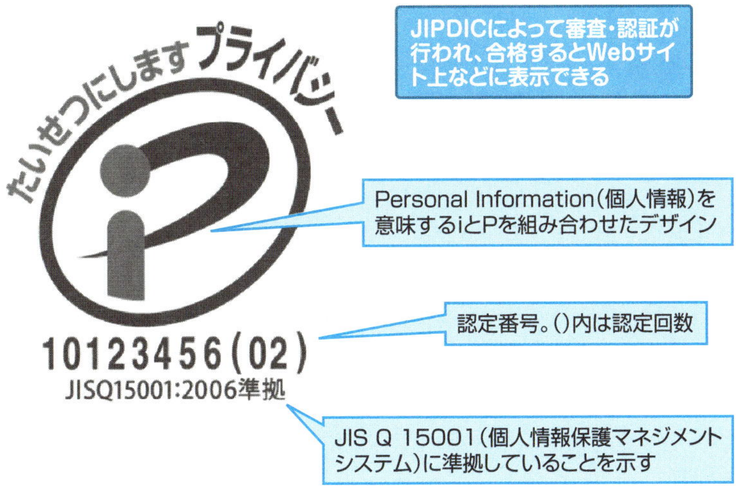
たいせつにしますプライバシー
10123456(02)
JISQ15001:2006準拠
JIPDICによって審査・認証が行われ、合格するとWebサイト上などに表示できる
Personal Information(個人情報)を意味するiとPを組み合わせたデザイン
認定番号。()内は認定回数
JIS Q 15001(個人情報保護マネジメントシステム)に準拠していることを示す

プライバシーマークの認定にはさまざまな基準への適合が求められる

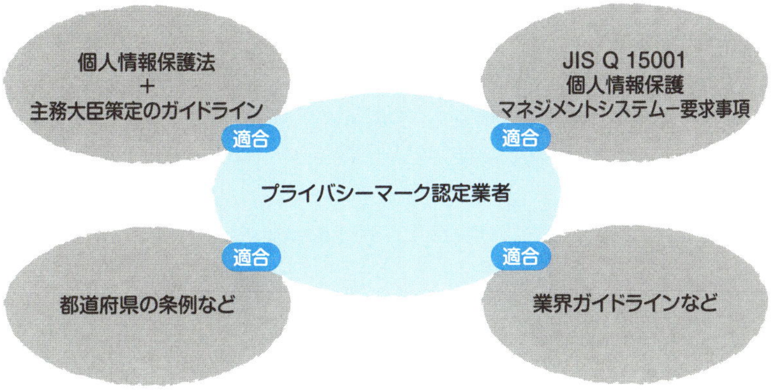
個人情報保護法
+
主務大臣策定のガイドライン
JIS Q 15001
個人情報保護
マネジメントシステムー要求事項
適合
適合
プライバシーマーク認定業者
適合
適合
都道府県の条例など
業界ガイドラインなど

Chapter 4 通販には特定商取引法が適用される

12 サービス内容に関する法律知識

電子メールの広告も対象となる

特定商取引法（特定商取引に関する法律）は、訪問販売や通信販売など消費者の間にトラブルが生じやすい取引について、事業者が守るべきルールを定めた法律です。Webショップのような販売サイトは通信販売に該当しますし、Webと関連してこの法律の対象となるようなビジネスモデルを構築することも可能です。インターネットを通じて商取引を行う場合は、この法律について知っておく必要があります。

この法律の対象となる商取引には次のようなものがあります。

・訪問販売

消費者の住居を訪問して行う取引のほか、「あなたが当選しました」などと通知して特定の場所に消費者を集めて販売活動を行うことも含みます。

・通信販売

広告、チラシなどの紙媒体やWebページなどを利用する販売が対象となります。オークションサイトも含まれるほか、オークション出品者も営利を目的として継続して行っている場合は対象となります。

そのほか、電話勧誘販売、連鎖販売取引（マルチ商法やねずみ講など）、特定継続的役務提供（語学教室、エステティックサロン、塾など）、業務提供誘引販売取引（仕事をあっせんするといって、仕事の訓練や物品を販売する）が特定商取引法の対象となります。

とくに、インターネット取引で注意すべきなのはメール広告です。2008年の法律改正によって、あらかじめ許諾を得ていない電子メールによる広告は原則禁止されたのです。それ以前の**オプトアウト方式**（広告が必要なければ拒否できる）から、**オプトイン方式**（許諾がなければ送れない）に変更されています。

特定商取引法とメール広告

特定商取引法の対象となるWebビジネス

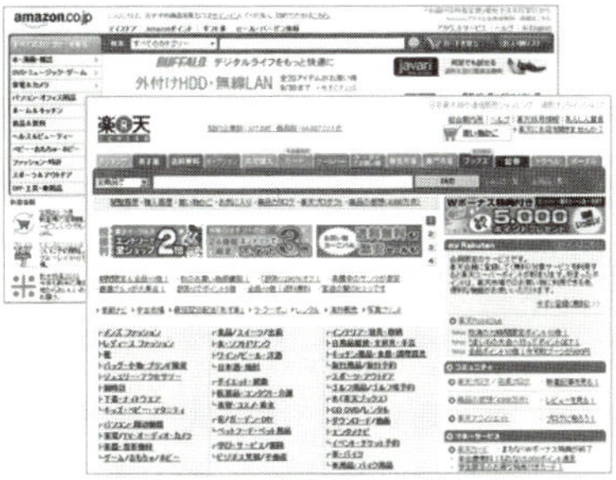

販売サイトは通信販売にあたる

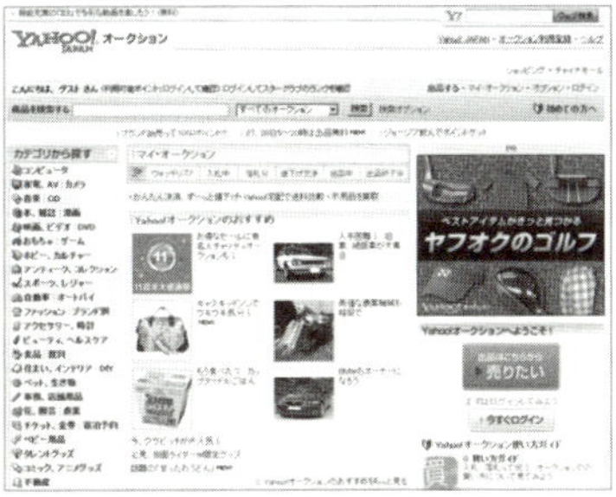

オークションサイトとオークション出品者も場合によっては対象となる

オプトアウトからオプトインへ

オプトアウト方式のメール広告の仕組み

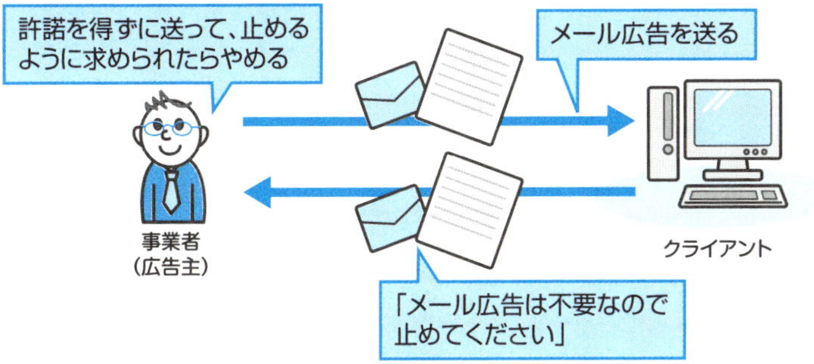
許諾を得ずに送って、止めるように求められたらやめる
メール広告を送る
事業者（広告主）
クライアント
「メール広告は不要なので止めてください」

オプトイン方式のメール広告の仕組み

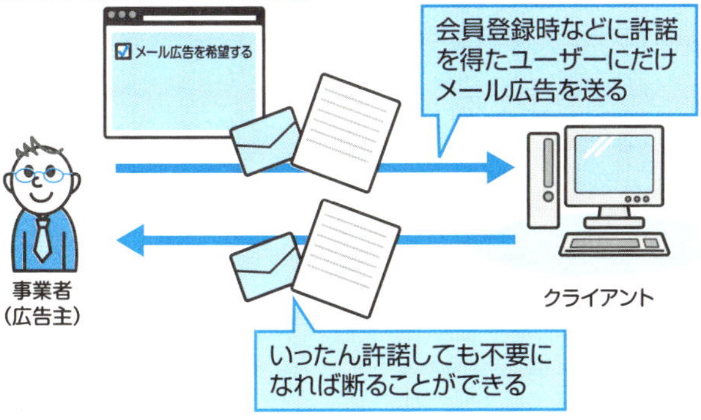
メール広告を希望する
会員登録時などに許諾を得たユーザーにだけメール広告を送る
事業者（広告主）
クライアント
いったん許諾しても不要になれば断ることができる

chapter 4

出願・登録制度がある

13 商標

商標検索は特許庁のページで可能

Webサイトに関する**知的財産権**は、著作権と商標権や特許権のような工業所有権に大きく分けられます。著作権は登録しなくても権利が生じますが、工業所有権は特許庁に出願、登録することにより権利が生じます。

工業所有権のうち、Webサイトにおいては、**商標権**が関わりの深い権利としてあげられます。**商標**は商品やサービスに対してそれを識別するための標識(文字や図形、立体など)であって、特許庁に登録した商標は国内で保護されます。商標は、使用する対象となる商品を特定して登録するものですから、たとえばテレビの商標としてのみ登録されているものでしたら、チョコレートの商標として別の事業者が登録することが可能です。

商標は商品に表示するものをトレードマーク、サービス(役務)に表示するものをサービスマークと呼ぶこともありますが、商標につけられる™や℠、®は国内の法律で規定されているものではありません。ただし、Webページは世界的に閲覧可能なものですから、そうしたマークをつける場合には他国の状況への配慮も必要となるでしょう。

商標登録の流れは右の図のとおりです。国内の商標権など工業所有権の出願、登録状況については、特許庁のWebページにある特許電子図書館(IPDL)で検索できます。商標がすでに登録されているか、「指定商品」または「指定役務」が何であるかを知ることができます。

また、商標権などに触れることがなくても、すでに発売されている商品にそっくりなデザインで商品を作った場合などは、不正競争防止法によって規制されることがあります。この法律では、デッドコピーのほか、よく知られている名称やデザイン、ロゴマークなどと、著しく類似したものを使用することも禁止されています。

商標の調査と登録

商標登録の流れ

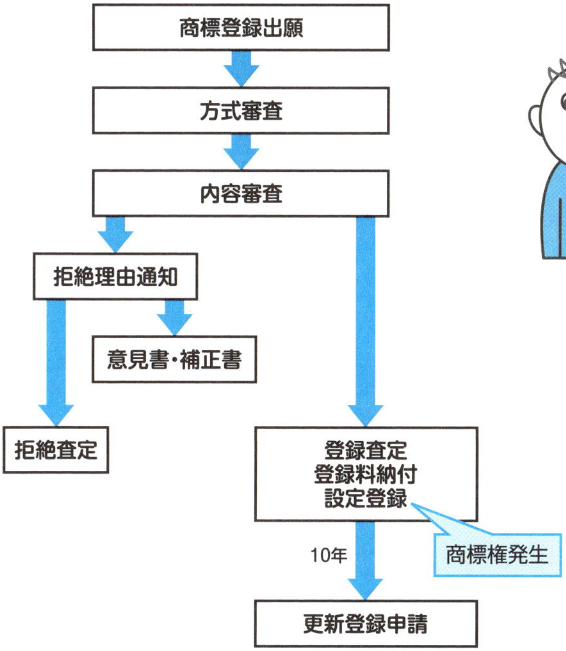
商標登録出願
方式審査
内容審査
拒絶理由通知
意見書・補正書
拒絶査定
登録査定
登録料納付
設定登録
商標権発生
10年
更新登録申請

拒絶査定となった場合は「拒絶査定不服審判」を申し立てることができる。また、登録された商標に異議申立てをすることもできる。

商標の調査はWebページで可能

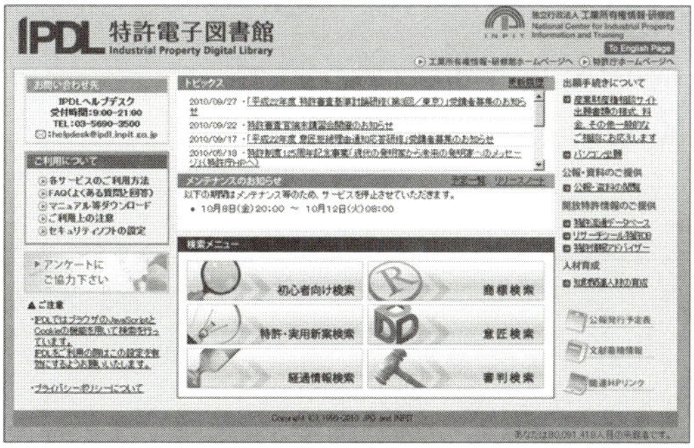

特許電子図書館:http://www.ipdl.inpit.go.jp/homepg.ipdl (2011年2月現在)

chapter 4 財産権と人格権

14 著作権

利用の範囲を著作権者と合意しておく

著作権は、思想や感情を表現したものであって、それが創作、公表されることによって生じます。Webの記事などには著作権で保護の対象となるものが多くありますが、ニュースなどの純然たる事実の記述については著作権で保護されることはないとされています。ニュース報道であっても、分析や考察などが認められれば著作権で保護されることがあります。

Webページを制作することは、著作物を公表することと不可分の関係にありますから、著作権についての配慮は常に必要とされます。また、Webに掲載される著作物は紙などほかのメディアに展開する可能性もあるため、利用形態について著作権者との間に合意を形成しておくことも大切です。

著作権は、著作物を利用やそれにより収入を得ることに関わる**財産権**と**著作者人格権**に分けることができます。財産権にあたる部分は譲渡することが可能ですが、著作者人格権は譲渡することができません。

著作者人格権は同一性保持権と氏名表示権、公表権で構成されます。たとえば、原稿に著作者の意図した内容と異なるような修正を加えた場合は、同一性保持権を侵害することにあたります。商業的に利用される著作物の場合、契約書に著作者人格権の不行使が規定されることがありますが、その有効性については見解が分かれるところです。

著作物はその種類によって、実質的な管理形態が異なっていることにも注意すべきでしょう。「言語の著作物」や「写真の著作物」のように、ライターやカメラマンとの契約によって利用可能になるものもあれば、音楽のように著作権管理団体が集中的に管理して使用料などを集めている場合もあります。また、映画などはとても多くの権利者によって作られているため、製作会社などが権利を管理することが多くなっています。

著作権とは

著作権の構成

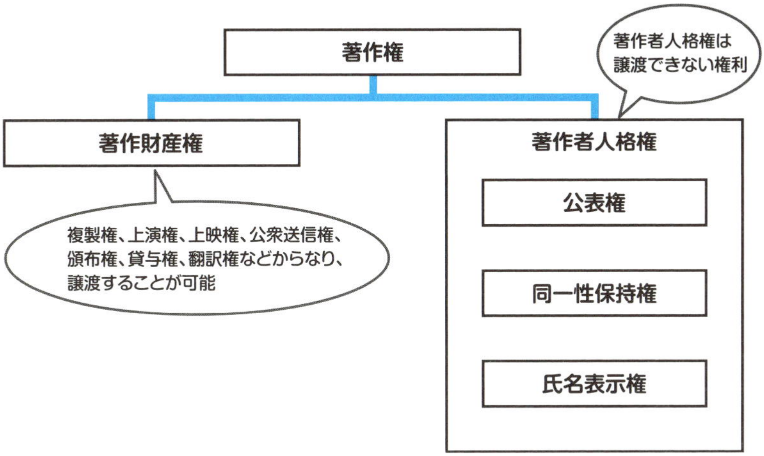
著作権
著作者人格権は
譲渡できない権利
著作財産権
著作者人格権
複製権、上演権、上映権、公衆送信権、
頒布権、貸与権、翻訳権などからなり、
譲渡することが可能
公表権
同一性保持権
氏名表示権

インターネットと著作物の権利

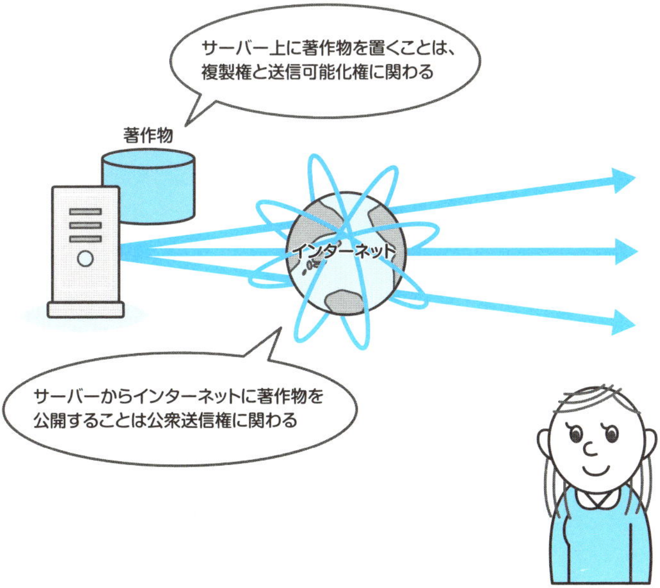
サーバー上に著作物を置くことは、
複製権と送信可能化権に関わる
著作物
インターネット
サーバーからインターネットに著作物を
公開することは公衆送信権に関わる

chapter 4 インターネットをめぐる権利

15 知的財産権の新しい動き

対立関係から融合へ

インターネット上では、**知的財産権**についてさまざまなかたちで新しい動きが出ています。

2008年、Googleがブック検索のために、図書館と提携して書籍を著作権者に無断で電子化したことに対する集団訴訟において、米国で和解案が合意されました。和解案は、電子化した書籍の権利者に対して和解金を支払うとともに、電子化した書籍の商業利用やその権利料にまで及ぶものでした。

さらに、和解案が著作権の国際条約であるベルヌ条約によって、加盟国の出版社や著作権者に及ぶとされたため、世界規模での騒動に発展しました。2010年現在、和解案は米国内に限定したものとすることで収束しつつありますが、日本の関係者は、巨大なビジネスの動きによって、常識的な感覚が覆される可能性が現実化したことに危機感を抱くようになり、真剣に書籍の電子化の問題に取り組むきっかけになりました。

一方で、今まで書籍、新聞、テレビ、ラジオなど、既存のメディアは、インターネットという新しいメディアを競合するものととらえ、ビジネス的な対抗策を展開するとともに、コンテンツの不法アップロードなどに対抗措置をとってきました。しかし、既存メディアのインターネットへの対し方は変化を見せてきています。たとえば、動画サイトに対して正規の権利者がコンテンツを提供する動きがありますし、日本のラジオ局十数社はインターネットを通じて、電波と同時に番組を配信するようになりました。

インターネットは電波や紙のように、その上でさまざまなメディアを成立させるようなインフラとして機能しつつあるようです。多様なメディアと融合しながら、インターネットはより大きな存在となっていくと思われます。

Googleでみる知的財産権をめぐる動き

米国でのGoogleブック検索の和解とは

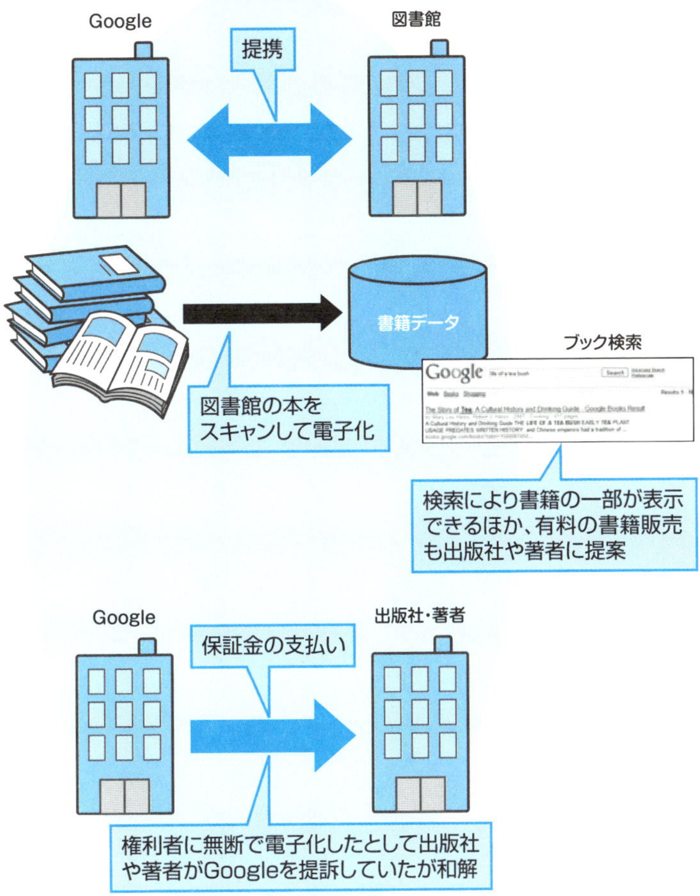
Google
図書館
提携
書籍データ
図書館の本を
スキャンして電子化
ブック検索
Google
検索により書籍の一部が表示
できるほか、有料の書籍販売
も出版社や著者に提案
Google
出版社・著者
保証金の支払い
権利者に無断で電子化したとして出版社
や著者がGoogleを提訴していたが和解

著作権の国際条約「ベルヌ条約」を背景に、Googleが日本においても和解案へ参加か拒否かの告知を新聞広告などで行ったため、出版社や著者にとって寝耳に水の騒動となった。その後、和解の効力は米国内だけに制限された。

どう？ ヒロシくん、インターネットやWebのことを一通り話したけど、Web担当でやっていけそうかな？

先輩！ ありがとうございました。おかげさまで、なんとなく仕組みが見えてきた気がします。でも、Webに関係する仕組みや技術ってずいぶんいろいろあるんですね。これからも、困ったときは先輩に相談できればと思っています。

あんまり頼りにされても困るんだけど……。わからないことは、自分で調べるという姿勢も大事なのよ。それに、これからもインターネットとWebの世界は、どんどん変わっていくでしょ。しばらくしたら、若い君のほうがWeb担当として、バリバリ仕事するようになるかもよ。

先輩、そういわずにまた相談にのってくださいよ。今度はディナーでもおごりますから！

あら、それってデートのお誘い？

いえ、決してそんな……。

わかってるわよ！ 今はTwitterでもFacebookでも情報源や相談するところがいくらでもあるから、そういうのを活用するのもいいかもね。当然アカウントは取ってあるわよね？

いえ、まだ……。

あきれたわー。さっさと登録しなさいよ。

了解しました！

君は返事だけはいいのよね。まあ、勉強を一所懸命したほうがいいけれど、もし自分のチームを持つことになったら、コミュニケーション能力も大事だし、君はそういうところはまあまあ合格かもね。

ありがとうございます！

とにかくWeb担当者はいままで教えたような広い知識をまんべんなく吸収して、常にそれをフォローしていくようにね。ぼーっとしていると、どんどん置いていかれるわよ。

できるかなぁ……。

頼りないわねぇ……。

じゃあ、明日からがんばることにして、これからさっそく飲みに行きますか！ まだまだいろいろ聞きたいことがありますから！ いい店いっぱい知ってますよ！

あーん、だからなつかないでって！

INDEX

■J～P

■R～V

■W～X

■タ行

著者略歴

シープランニング（C-Planning）
農業関係の編集・ライターを10年経験したのち、コンピュータ関連の雑誌、書籍シリーズなどの企画編集に長年かかわる。現在は、コンピュータ史、電子出版、コンピュータ技術などの出版企画、執筆、編集などを業務としている。

カバーデザイン●田邉恵里香
フォームデザイン・編集・DTP●株式会社トップスタジオ
担当●今村　恵

お問い合わせについて

本書の内容に関するご質問は、下記の宛先までFAXまたは書面にてお送りいただくか、弊社Webサイトの質問フォームよりお送りください。お電話によるご質問、および本書に記載されている内容以外のご質問には、一切お答えできません。あらかじめご了承ください。

〒162-0846　東京都新宿区市谷左内町21-13
株式会社　技術評論社　書籍編集部
「新米IT担当者のためのHTML/CSS & Webサービスがしっかりわかる本」質問係
FAX：03-3513-6167
技術評論社Webサイト：http://gihyo.jp/book/

なお、ご質問の際に記載いただいた個人情報は質問の返答以外の目的には使用いたしません。また、質問の返答後は速やかに破棄させていただきます。

新米IT担当者のための HTML/CSS & Webサービスがしっかりわかる本

2011年5月25日　初版　第1刷　発行

著　者　シープランニング
発行者　片岡　巌
発行所　株式会社技術評論社
東京都新宿区市谷左内町21-13
電話　03-3513-6150　販売促進部
03-3513-6160　書籍編集部
印刷／製本　図書印刷株式会社

ISBN978-4-7741-4623-2 C3055
Printed in Japan